SHIPIN DIAOKE JICHU JIAOCHENG

食品雕刻基础教程

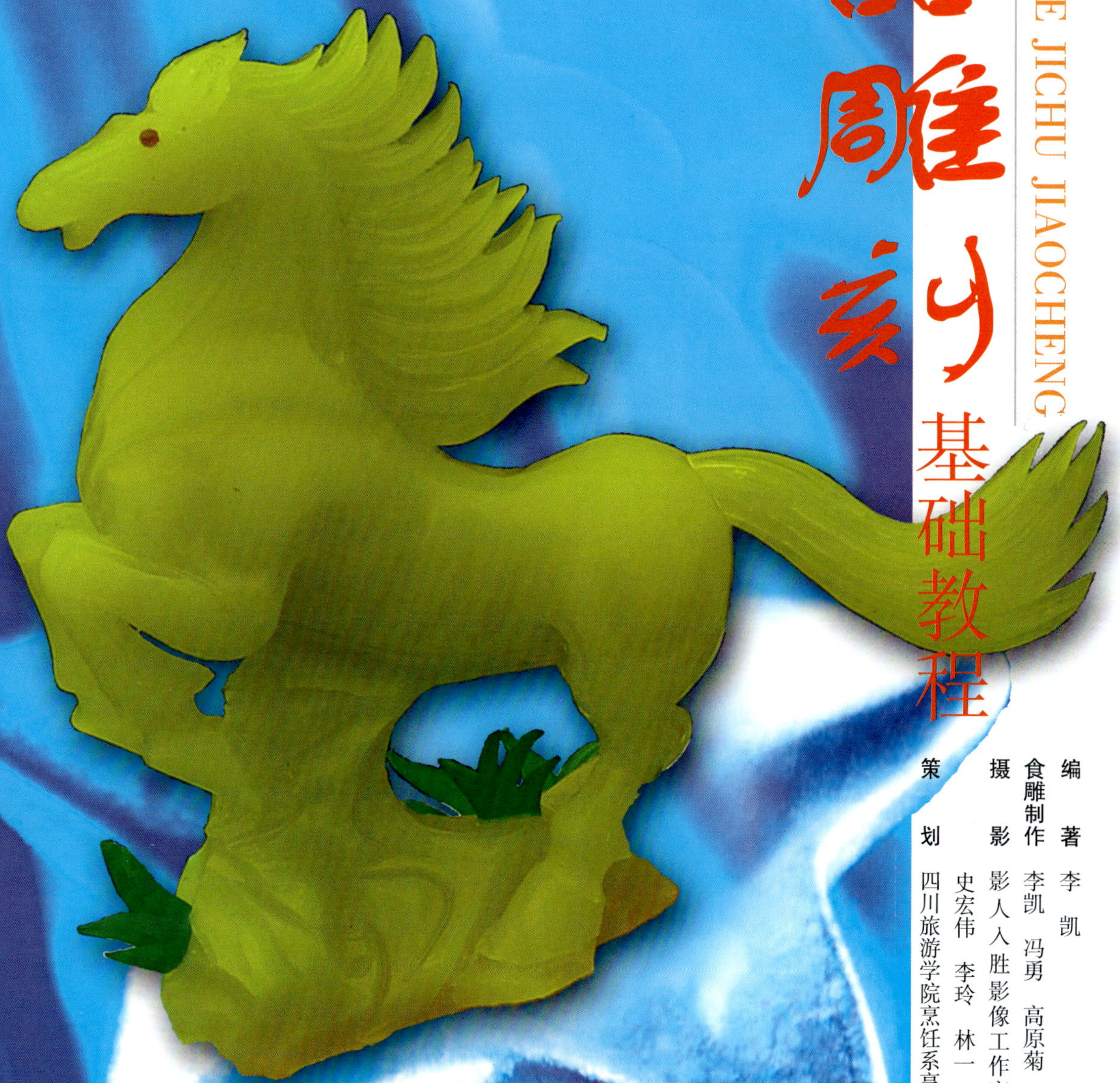

编　著　李　凯
食雕制作　李凯　冯勇　高原菊
摄　影　影人入胜影像工作室（张燕　王建国　刘贵明　史宏伟　李玲　林一　李光荣　苏素芳　何金玲
策　划　四川旅游学院烹饪系烹饪美学教研室

四川科学技术出版社

图书在版编目(CIP)数据

食品雕刻基础教程/李凯编著. －成都:四川科学技术出版社,2012.8(2020.4 重印)

ISBN 978－7－5364－6551－0

Ⅰ.食… Ⅱ.李… Ⅲ.食品－装饰雕塑－教材
Ⅳ.TS972.114

中国版本图书馆 CIP 数据核字(2008)第 121470 号

食品雕刻基础教程

出 品 人　钱丹凝
编 著 者　李　凯
责任编辑　张　蓉
封面设计　吴　强
版面设计　康永光
责任校对　王初阳　翁宜民
责任出版　欧晓春
出版发行　四川科学技术出版社
成都市槐树街 2 号　邮政编码 610031
官方微博:http://e.weibo.com/sckjcbs
官方微信公众号:sckjcbs
传真:028－87734039
成品尺寸　260mm×185mm
印张 6.25　字数 70 千
印　　刷　四川华龙印务有限公司
版　　次　2012 年 8 月成都第二版
印　　次　2020 年 4 月成都第 14 次印刷
定　　价　29.50 元
ISBN 978－7－5364－6551－0

出版说明

《食品雕刻基础教程》是一本按照目前国内烹饪教学食品雕刻课程要求编写成的，具有新颖性、典型性、代表性的食品雕刻书籍。本书是烹饪专业实用性、可操作性极强的食品雕刻教材，也是食品雕刻爱好者和初学者自学参考及鉴赏的首选。

该书分为十讲，包括食品雕刻基础知识、花卉雕刻、鱼类雕刻、鸟类雕刻、兽类雕刻、建筑雕刻、龙的雕刻、瓜盅与瓜灯、水果拼盘、盘饰等内容。在内容设置上，本书力求由浅入深、由简至繁，以方便自学者根据书中内容进行自学；在雕刻实例的选择上，书中所选雕刻实例均为常用、常见品种，力求具有典型性、代表性。全书用了较大的篇幅介绍花卉雕刻和鸟类雕刻，这也符合当前餐饮企业的需求。同时本书增加了水果拼盘和盘饰两个主题，使得本书的内容更加丰富，使读者一书在手，学得的知识更宽、更广。

读者学完本书的所有内容，大概需用 60 学时至 80 学时，具体学时分配入下表：

课程内容	学时
食品雕刻基础知识	4学时
花卉雕刻	16学时
鱼类雕刻	4学时
鸟类雕刻	12学时
兽类雕刻	4学时
建筑雕刻	4学时
龙的雕刻	4学时
瓜盅与瓜灯	4学时
水果拼盘	4学时
盘饰	4学时
合计	60学时

在每一讲中，编著者都列举了较多的实例，以求将内容讲清、讲透，教师可在实例中挑选具有代表性的内容进行教学，其余内容可让学生自行练习，以提高学生独立思考、独立操作的能力。

由于该书编写较仓促，难免有不尽如人意之处，望读者批评指正。

编著者

目录

第一讲 食品雕刻基础知识

教学目标

1.了解食品雕刻的基本概念、由来及发展。

2.明确食品雕刻的作用及分类。

3.掌握食品雕刻的表现形式、食品雕刻的专用工具及其用法、食品雕刻的常用手法、食品雕刻的运用及作品的贮存。

一、基本概念

食品雕刻就是使用特殊的食雕工具，在具有食用性的原材料上，运用切、削、旋、雕、刻、戳、镂、挖等手法，将其制成形态美观、结构准确、造型生动的各种艺术形体，或食用，或观赏，可以烘托筵席气氛，提升菜肴档次，同时也可以表达办宴目的，使就餐者在进餐过程中，能得到艺术的享受。外国朋友称食品雕刻为“东方食品艺术的明珠”，也有人称其为“一把刀的艺术”。

二、食品雕刻的由来及发展

食品雕刻具体起源于何时，现在还无法准确考证。但自从人类脱离了“茹毛饮血”的原始时代，人们就开始在生活中追求美、寻找美，并按照美的规律来改造自然。

饮食是人类最基本的需要，一切社会都离不开物质资料的生产，当然饮食就首当其冲地步入了美的领域。为了盛装食物而制作的各种器皿，如爵、尊、壶、鼎、盆等，其造型、纹样都是美的具体体现。春秋末期的孔子，提出了“食不厌精，脍不厌细”、“割不正不食”、“菜不过寸”等对菜肴、食品的美化要求。而食品雕刻作为饮食美的一个方面，最早出现于先秦时期，当时人们是在蛋的外壳上进行雕刻或染绘，故称之为“雕卵”。到了晋代又有了“镂鸡子”之技。隋炀帝时期，还出现了一种在酥酪上雕刻的“雕酥”，这在《韦巨源食单》中有记录。湘西的雕花蜜饯在唐代就早已有之。唐昭宗时曾为广州司马的刘恂任职期满，寓居南海，著有一本《岭表录异》，书中就有湘西雕花蜜饯的记载：“枸橼子，形如瓜，皮似橙而金色，故人重之，爱其香气。”京辇豪贵家订盘筵，怜其远方异果。其肉厚，白如萝卜。南中女子竞取其肉雕镂花鸟，浸之蜂蜜，点以胭脂，擅其妙巧，亦不让湘中人镂木瓜也。”现在到湘西怀化市的会同、靖州一带的苗族人家，你还能目睹到盛唐时期流传下来的雕花蜜饯技艺。“花瓜”，是北宋汴梁人的杰作，每到牛郎、织女鹊桥相会的“七夕”，人们就要将瓜果雕刻成各种样式，以纪念牛郎与织女的忠贞爱情。宋代林洪的《山家清供》也记载了用香瓜剖开做酒杯，在香瓜外皮上雕刻出各样花纹的“香瓜雕”。南宋时期，在宫廷内设有“蜜煎局”，专制各色雕花蜜煎以供御用。蜜煎局的厨师，用木瓜雕成“鹊桥仙故事”，或“以菖蒲或通草雕刻天师驭虎象于中，四围以五色染菖蒲悬于左右。又雕刻百虫铺于上，却以葵、榴、艾叶、花朵簇拥”。还有的“以通草罗帛，雕饰为楼仙故事之类，锦以珠翠，极其精巧”。南宋时期，高宗赵构到清河郡王府，张俊款待高宗的宴席中就有“雕花梅球儿、红消花儿、雕花笋、蜜冬瓜鱼、雕花红团花、木瓜大段儿(花)、雕花金橘、青梅荷叶儿、雕花姜、蜜笋花儿、雕花枨子、木瓜方花儿共十二种，原料有杨梅、冬瓜、木瓜、金橘、鲜姜和嫩笋等；花形有球儿、鱼儿、团花、荷叶儿、方花儿等；味道有甜酸、清甜和甜中微辣等。这在南京周密的《武林旧事》中有记载。而明、清时期扬州的瓜灯，则更体现出了食雕的精湛技艺。在清代李斗的《扬州画舫录》中有"取西瓜镂刻人物、花卉、虫鱼之戏"的记载。

人类社会是在不断发展的，当人们的物质享受得以满足的时候，便开始追求精神享受。而精神享受也不是一成不变的，它随着不同时代人的不同思想意识、审美观念，不同的时代特征而逐渐改变。如：同是龙的形态，各个历史时期的表现方法却不一样，它经历了萌芽、发展和定型三个时期，直到清代才得以完善。食品雕刻作为一门艺术，随着人们对精神享受的追求不断地改变自身的艺术形态，使其不断的得以完善，因而同样会经历萌芽、发展和定型三个时期。今天食品雕刻正处于发展阶段，有待我们将其广泛运用，不断完善。

现在，餐饮业越来越重视食品雕刻的运用，大至国宴，小到普通酒店、饭馆都用上了食品雕刻的花、鸟、鱼、虫来装饰菜肴、桌面。小型的雕刻，如一朵萝卜雕花摆于菜盘内；大型的，则有用食雕组合的花台、看台，如：《百花争艳》、《百鸟朝凤》、《熊猫乐园》等。现在的新一代厨师，大都也能随便雕上几朵花卉或几种鱼虫。为了推广、发扬这一艺术，各地纷纷办起了食品雕刻培训班，食品雕刻得到广泛运用，并不断地与传统菜肴结合，使菜肴的审美特性也得到了升华。

三、食品雕刻的作用

现代食品雕刻技术广泛运用于菜品制作、菜点装饰，以及看台、展台的制作中。其具体作用如下：

1.美化菜肴，弥补菜肴自身的不足

将食品雕刻摆放在菜盘内，与菜肴组合搭配，以弥补菜肴形状、色彩上的不足，从而达到美化菜肴，提升菜肴品质的目的。如一些档次较高的餐厅，要求厨师对每道菜品都要进行造型、装饰，包括平常的小煎、小炒菜肴，这时食品雕刻就有了用武之地。

在与菜肴组合搭配时，要注意食品雕刻与菜肴不能直接接触，而且食品雕刻只能起锦上添花的作用，而不能喧宾夺主。

2.提高筵席档次，活跃筵席气氛

用食品雕刻的各种艺术形态作品摆放于筵席中，可以丰富席面色彩，使筵席组合形式多样。同时可以使客人在进餐的同时，能得到美的享受。特别是在进餐前席面中间摆上一组西瓜灯，其灯光透过瓜皮表面的孔洞透射出来，给客人耳目一新、兴趣盎然的感觉。

3.提高厨师造型能力及审美能力

食品雕刻是一门艺术。现代餐饮企业的厨师，很多都能掌握一定的食品雕刻技术。食品雕刻的制作，是一种造型能力（把握形体结构特征的能力）的锻炼，经过长时间的练习，厨师能熟悉物象的形态特征，提高自身的造型能力及审美能力。一些厨师为了展示自己的烹饪技艺，也需要借助食品雕刻的手段来美化菜品，以提高行业竞争力。

4.展示企业技艺，促进企业销售

食品雕刻是树立企业品牌、扩大宣传的一种必备手段。行业里的社会活动、企业间的互相交

图 1-1

流日趋平凡，每一次的比赛及交流活动都成了企业展示技艺、树立品牌的大好时机。雕刻精美的食品雕刻展台，在每一次活动中都成了一大亮点，其独特的造型、鲜艳的色彩，吸引了不少观众的目光。所以好的食品雕刻展示台能扩大企业的知名度，为促进企业销售打下坚实的基础。

四、食品雕刻的分类

1.按所用的原材料分类

按食品雕刻制作时所选用的原料不同，可以分为：蔬菜雕、水果雕、琼脂雕、豆腐雕、巧克力雕、冰雕、蛋白雕、面雕（见图 1-1）等。

2.按食品雕刻的功能分类

食品雕刻有的是可以食用的，有的仅供观赏。按照食品雕刻的这一特性，可以将其分为食用型和观赏型两类。

图 1-2

图 1-3

（1）食用型　如瓜烹、瓜盒、瓜盏、吉庆等（见图 1-2），既能丰富装盘造型，又使进餐者饱口福、饱眼福。

（2）观赏型　指一些食品雕刻的艺术造型，或看台、展台等，其造型美观大方，令人赏心悦目（见图 1-3）。

3.按雕刻的题材分类

近几年食品雕刻技术得到了广泛的运用，而且有了很大的发展，无论在宴会上，还是在烹饪大赛赛场中，皆可见其影踪。有雕龙的，有刻凤的；鸳鸯、孔雀、花、鸟、鱼、虫、龙、凤、人物，应有尽有。按照食品雕刻的创作题材可以将其分为以下几类：

（1）花卉植物类　以花卉、枝叶、果实等作为雕刻题材。如牡丹、菊花、荷花、月季、玉兰、大丽菊、金盏菊、马蹄莲、山茶花、向日葵、荷叶、椰树、松树、竹笋、葡萄等。

（2）禽鸟类　鸟是人们喜闻乐见的动物，在食品雕刻中，以鸟类为题材的雕刻较多。如：仙鹤、天鹅、鸡、鸭、鹦鹉、孔雀、喜鹊、鸽子、燕子、锦鸡等。人们还将一些鸟视为吉祥的象征，如白鹭与芙蓉花组成的图案“一路荣华”，寓意荣华富贵；鸡与吉谐音，鸡立于石上的图案，被称为室上大吉；仙鹤喻义长寿，雕刻的图案有松鹤延年、鹤鹿同春、龟鹤齐龄；喜鹊可以构成图案喜上眉梢、喜上眼前、喜报平安等。

（3）畜兽类　选取与人较为熟悉、较为亲近的畜、兽作为雕刻题材。如：猪、牛、马、鹿、兔、象、虎、狮、熊猫等。一些传说中的吉祥神兽也常作为雕刻题材，如：龙、麒麟、天禄等。

（4）水族类　以金鱼、鲤鱼、神仙鱼、蝴蝶鱼、虾、蟹、龟、蛙、螺、贝等为雕刻题材。

（5）昆虫类　全世界的昆虫有 150 多万种。我们用于食品雕刻的主要是天牛、蝴蝶、螳螂、蝈蝈、蜜蜂、蜻蜓、蜗牛、蝎子等。

(6)建筑类　以宫殿园林、塔桥寺观、亭台楼阁等作为雕刻题材。

(7)器物类　以一些常用的或具有一定喻义的物器、礼物、日常用品作为雕刻题材。如:扇子、花篮、灯笼、如意、鼎、花瓶、茶具、盏、碗、碟、杯等。

(8)人物类　人物题材是较为常用,也较难掌握的雕刻题材。多以传说中的神话人物或英雄人物作雕刻题材,如:麻姑、寿星、八仙、罗汉(见图 1-4)、关羽、孙悟空、猪八戒、哪吒、嫦娥、女娲、观音等。

图 1-4

4.按制作工艺分类

(1)整雕　就是用一个原料,不经过拼、接,直接雕刻出一件完整的、独立的作品(见图 1-5)。

(2)零雕整装　一件雕刻作品由多种原料或由多个雕刻好的零部件,经粘接、组装而成(见图 1-6)。

(3)组合雕　是较大型的看台、展台的制作方法,由多件独立的雕刻作品组合成一个主题,如:百鸟朝凤、九龙腾跃等。

图 1-5

图 1-6

五、食品雕刻的表现形式

食品雕刻的表现形式一般分为圆雕、浮雕、透雕(即镂空雕)和浅雕四种。

1.圆雕

圆雕是指具有长、宽、高三度空间,可供多角度欣赏,具有相应对象本身体积结构形式的立体造型。无论所雕造型尺寸大于或小于所雕对象,都要求把对象的完整形体按照其的长、宽、高比例及立体形态全面的表现出来。所以我们在雕刻时,应环顾四周,感受其空间位置、结构关系,以便如实地表现出所雕物像的各个面。如:鱼龙变化(见图 1-7)、布袋和尚(见图 1-4)、寿星(见图 1-5)等。

2.浮雕

浮雕是指在平面上雕刻出物像浮凸的一种雕刻形式,与浅雕相反,雕刻技法上属于阳刻。浮雕同样也具长、宽、高三度空间,但它不能像圆雕那样 360 度观赏,而只能在 60~80 度一个面内作有效观赏。因浮雕不是按对象形体本身实际体积比例关系,而是经过不同程度纵向体积压缩所形成的压缩于一平面的雕刻品。浮雕依照表面凸出厚度的不同,可分为高浮雕和浅浮雕两种。高浮雕趋

图 1-7

向圆雕，其起伏与圆雕接近，压缩处理较少，既可作为食雕的装饰，又可作为纯观赏性的食雕艺术品；浅浮雕偏向于绘画，其压缩幅度较大，是一种平面性的图案装饰，以雕纹样为主。浮雕对象有花卉、飞禽、人物、动物等（图 4-32⑫）。

3.透雕

透雕也叫镂空雕，一般指将雕刻原料底板镂空的“浮雕”。它可以透过正面镂空的空间看到其背面或里面的景物或食品（见图 1-8）。镂空雕刻具有玲珑剔透、视线不受障碍等艺术特色。

图 1-8

4.浅雕

浅雕是在雕刻原料上刻出或戳出较浅的、简洁明快的线条图案，在雕刻技艺上属于阴刻，具有典雅、古朴的艺术效果。浅雕有所需工具少、操作简便、快速的特点。一般多用于西瓜盅的雕刻。

圆雕、浮雕、透雕与浅雕常结合使用，如图 1-9 的南瓜盅，其主体就是运用浅雕的手法，底座运用透雕的形式。

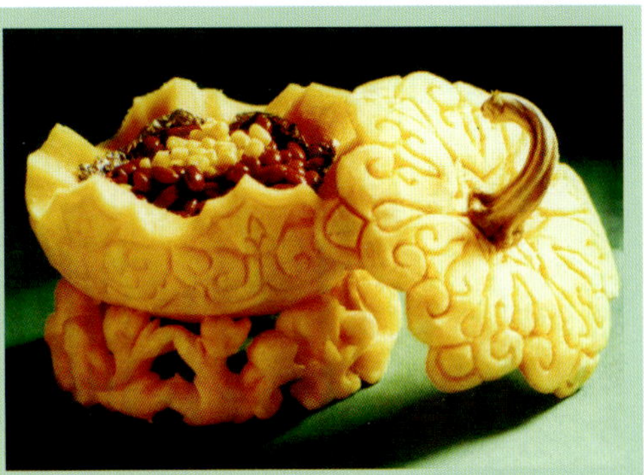

图 1-9

六、食品雕刻的材料

我国地大物博，用于烹饪的原料品种繁多，这给食品雕刻打下了坚实的物质基础。雕刻时可根据所要雕刻的内容来选择不同质地、不同形态、不同色泽的原料；也可根据不同的原料，施以不同的刀法，制作出不同形态的艺术形象来。

烹饪的原料可以分为动物性原料和植物性原料两类。一般食品雕刻较常用的是质地脆嫩，坚实不空，有一定韧性，少汁的植物性原料（一些叶菜也可用于雕刻，如：紫甘蓝、西生菜等）。动物性原料中，一些质地坚实，水分较少的原料也可用于雕刻。现将其分列于下。

1.植物性原料

（1）叶菜　大白菜、紫甘蓝、西生菜、瓢儿白、葱、蒜苗等。

（2）茎菜　莴笋、苤蓝、土豆、芋头、藕、姜、蒜、洋葱、荸荠、慈姑、芹菜、竹笋、篙笋等。

（3）根菜　白萝卜、青萝卜、胡萝卜、心里美萝卜、地瓜等。

（4）果菜　番茄、茄子、辣椒、黄瓜、冬瓜、南瓜（倭瓜、牛腿瓜）、瓠瓜、土耳瓜等。

（5）花菜　西兰花、花菜等。

（6）果品　苹果、梨、橘子、橙、菠萝、西瓜、香瓜、黄河蜜等。

2.动物性原料

（1）蛋及蛋制品　鸡蛋、鸭蛋、鹅蛋、鸽蛋、皮蛋、盐蛋、蛋黄糕、蛋白糕等。

（2）肉制品　红肠、火腿肠、肉糕、鸡糕、虾糕等。

（3）油脂类　牛油、黄油、羊油等。

3.其他类

另外巧克力、冰、豆腐、琼脂、冰淇淋等也可用于雕刻。

七、食品雕刻的专用工具

食品雕刻有其专用工具。由于食品雕刻工艺较为精细、复杂，所以食品雕刻的工具应符合小巧、易用、灵活、方便的原则。其刀具大致可分为切刀、雕刀、戳刀这几类。

1.切刀

即平常用的切菜、切肉的刀具，西餐刀具也可（见图 1-10）。

（1）持刀的方法　中指、无名指、小指自然并列弯曲，用手掌握住刀柄，食指向前伸，自然弯曲，用第二骨节抵住刀身，第一指节微微扣住刀柄，大拇指向前伸直，捏住刀身同刀柄的连接处（见图 1-11）。

切刀主要用于整形原料切块、切段、切条，以及一些大型作品坯料的成形等。如大丽菊就是将圆形萝卜用切刀切成 2 厘米厚的片进行制作。而一般的龙爪菊、牡丹花、马蹄莲、荷花、玫瑰花则可以用切刀将原料切成段，制成初坯。同样鸟、兽的雕刻也可以用切刀先切出大坯，这样可以减少雕刻时间，提高雕刻的速度。

图 1-10

（2）切刀的磨制　切刀的磨刀工具是磨刀石。磨刀石有油石和青石两种（见图 1-12，上：青石；下：油石）。油石分两面，一面略粗，一面略细；而青石则比较光滑、细腻。

图 1-11

图 1-12

切刀磨制前，先用清水湿润刀身及油石，然后将刀身平放于油石较粗的一面，将刀背略微向上抬起（见图 1-13），向前用刀推出，待推到头时，将刀收回，再次向前推，如此反复，将刀口面全部磨出，翻面再磨另外一面。待两面刀口都磨好后，改用较细的一面，继续磨出刀锋。最后再用青石将两面刀口、刀身磨光、磨细，将刀刃磨锋利即可。

（3）磨切刀时的注意事项

①不可将刀置于砂轮上打磨，以免使刀失去

图 1-13

钢火。

②刀平放于磨刀石上时，刀背要略微向上抬起，但不要抬得过高，否则磨好的刀切不了几下就钝了。

③磨制时采用向前推的方法，前推用力，收刀时不用力。

④磨刀时用力要均匀，要将刀口各部位都磨到。

⑤刀身两面磨的次数要基本相等。

⑥新刀第一次磨费时较多，以后只需在细油石或青石上稍微磨一下便好。

检验切刀是否磨快的方法是用大拇指横向摸刀口（垂直刀口方向），若刮手的感觉较强烈即好。另外，也可将刀口向上，面向较光亮的地方，用眼睛看刀锋，若看不到白色的线条即好，如果能看到白线，则将白线处再磨一遍，直至看不到为止。

2.雕刀

也叫刻刀（见图 1–14）。雕刀用途极广，可以切、削、刻，亦可代替戳刀使用，它体积小巧，轻便，灵活，容易携带。选择雕刀时，以手握住刀柄，大拇指伸直后与刀刃同长为好。

图 1–14

（1）雕刀的持刀方法　雕刀持刀方法有两种。

第一种：食指、中指、无名指、小指靠拢弯曲握住刀把，刀刃从食指第二指节处伸出。在运刀时，大拇指靠于原料上，起稳定的作用（见图 1–15）。主要用于雕、切、削。

图 1–15

第二种：食指、中指、无名指、小指微微并拢，内弯，将刀柄置于虎口，刀身平放于中指第一指节，食指抵住刀背，拇指轻压住刀身与刀柄连接处（见图 1–16）。在雕刻时，一般用小指靠住原料，以使运刀平稳。

（2）雕刀的磨制方法　雕刀磨制的方法基本同切刀一样。先用清水将油石及刀身淋湿。将刀身平放于磨刀石上，刀背略微向上抬起。用力将刀由后向前推。先磨刀刃前端，边磨边向后移，反复数次直至将刀刃磨完，翻面用同样的方法将刀刃磨好。然后改用青石，将刀刃磨锋利即可。

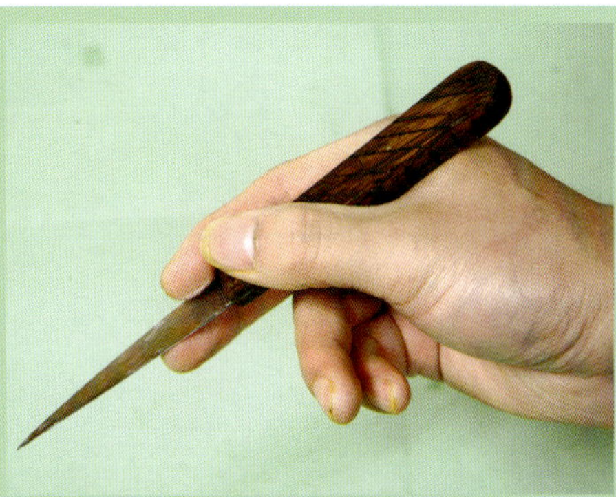

图 1–16

雕刀是否磨锋利的检验方法同切刀。

3.戳刀

戳刀是食品雕刻刀具中的一种刀，其品种较多，用途较广。其特点是比用雕刀速度快，戳出的线条、块面均匀、光滑、清晰。根据戳刀刀口的形状不同可分为圆口戳刀和尖口戳刀两种。

(1)圆口戳刀(见图 1-17) 圆口戳刀因其刀口面呈圆弧状而得名,其戳出的线条呈圆弧状。刀体长约 15 厘米,中部略宽,以便执握,两端均有圆弧形刃口,且一边大,一边小。圆口戳刀有几种规格:最小的刀口有 0.6 厘米宽,最大的刀口有 3 厘米宽。

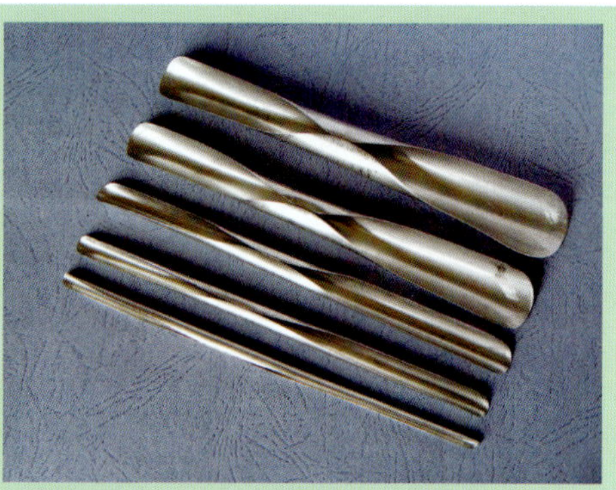
图 1-17

圆口戳刀主要用来制作鸟类的雏羽、飞羽和尾巴。这种刀可使戳出的羽毛前端呈圆弧形,与鸟的羽毛形态相似。圆口戳刀还可以制作一些花卉的花瓣、花心,如西番莲的花心、花瓣,单层梅花的花瓣也可戳出,各种鱼类的鳞片、西瓜盅的花纹等也可用戳刀制作。另外,还可以戳圆形孔洞。

(2)尖口戳刀(见图 1-18) 因其刀口面呈"V"字形而得名。其戳出的线条比圆口戳刀戳出的线条更有立体感,更清晰。尖口戳刀的长短、形状与圆口戳刀基本相似,只是其刃口为"V"形,夹角为 70 度左右。尖口戳刀也有大小之分,大的刀宽约 3 厘米,小的刀口宽约 0.6 厘米。

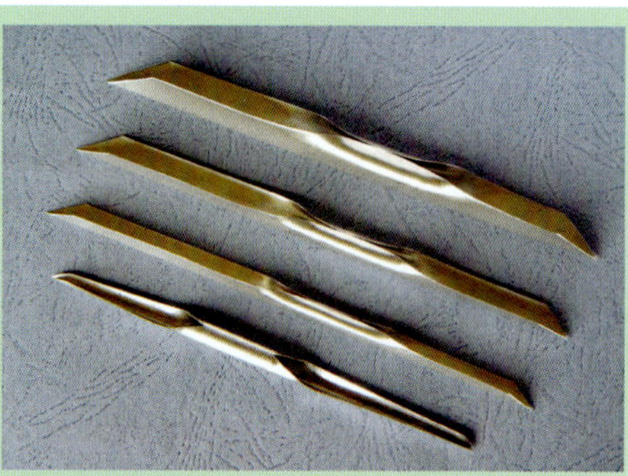
图 1-18

尖口戳刀主要用于瓜盅、瓜灯的花纹、线条的刻制。也可用于鸟类羽毛的制作,如:各种鸟颈部、胸部、腹部的雏羽,凤凰尾巴上的装饰羽。还可直接用于龙爪菊、小菊花、大丽菊等花卉的雕刻。

(3)戳刀的持刀方法 右手的食指、拇指微微向内弯曲捏住刀柄的前端,中指、无名指、小指并拢靠住刀柄,刀柄后端放于虎口间。其雕刻过程是由五指与手腕相互配合来完成的(见图 1-19)。

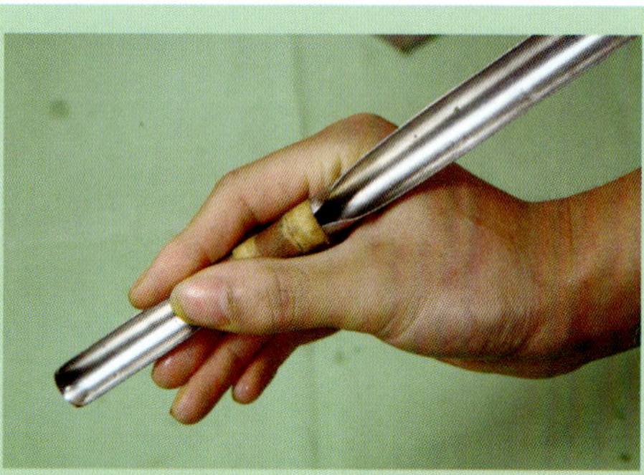
图 1-19

(4)戳刀的磨制 戳刀的磨刀工作是圆柱形锉、三棱形锉、砂条及砂纸等(见图 1-20)。磨制时圆口戳刀用圆柱形锉,V 形戳刀用三棱形锉,先用清水将锉及戳刀淋湿,将锉置于戳刀口,由内向外拉(见图 1-21),将戳刀内沿锉成斜口。待刀口内沿锉好后,将刀

图 1-20

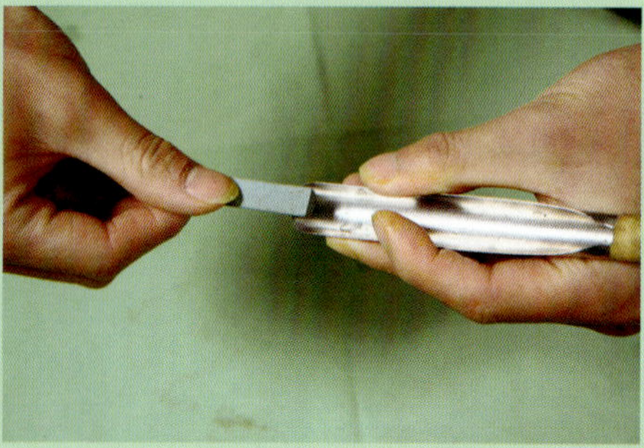
图 1-21

口外沿置于磨刀石上像磨雕刀一样磨好。待内外沿均磨好后，再用砂条或砂纸将刀口磨快即可。

检验戳刀是否磨锋利，可利用手摸、眼看的方法。另外，也可以在实际的原料上试戳，如在萝卜、土豆、南瓜上戳线条，若戳时感觉不费力，并且戳出的线条边沿光滑无毛刺，则说明戳刀已经磨好。若戳出的线条边沿不光滑，较粗糙，即需再磨。

4.刻线刀

分起环刻线刀和拉线刀两种。

(1)起环刻线刀(见图 1-22)　这种刀有两种。一种是用有机玻璃制作刀柄，呈长 15 厘米的圆柱形，前端带有一 U 形不锈钢刀片；另一种是用不锈钢制作成圆柱形刀柄，前端弯折成 U 形刀片。

起环刻线刀主要用于制作西瓜盅的凸环(见图 1-23)。制作时先将起环刻线刀 U 形的尖端反扣于原料表面，慢慢将刀尖插入表皮，待刀尖将皮刺穿后，转动刀柄，使刀尖端旋转 180 度，由原料内勾出，这时 U 形刀口已经穿于原料表面，再将刀向前推(或向后拉)，即可推(拉)出两端皆与原料相连的线条(见图 1-24)。

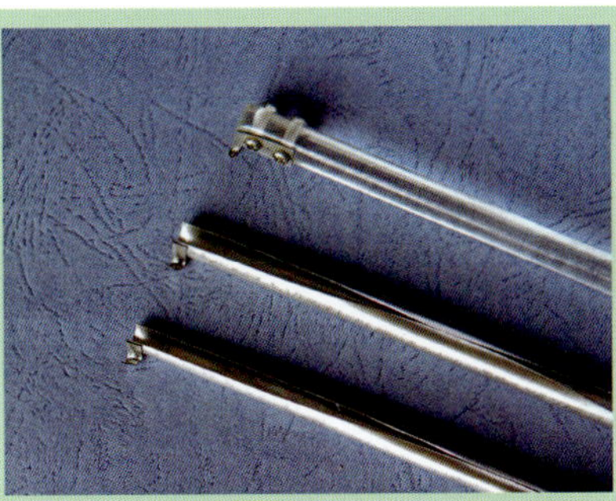

图 1-22

图 1-24

图 1-23

起环刻线刀的持刀方法及磨制方法均与戳刀相同。

(2)拉线刀(见图 1-25)　拉线刀刀身为长条状，在刀身的两端或一端安装有不锈钢刀片，其刀片呈菱形或圆形。主要用于雕刻戳刀不便于操作的凹面或狭小空间线条，也可用于一些较密集线条的雕刻，如动物的毛发、老人的胡须等。

拉线刀的持刀方法如同握笔姿势(见图 1-26)。磨刀的方法如同戳刀。

图 1-25

图 1-26

5.挖球器

挖球器为中间一手柄，两端配有一大一小两个半圆球形的不锈钢金属勺，每个勺底部有一小圆孔(见图 1-27)。主要用于挖圆球或挖槽、挖孔洞(见图 1-28)。

持挖球器的方法：大拇指、食指、中指、无名指、小指弯曲握住挖球器柄。

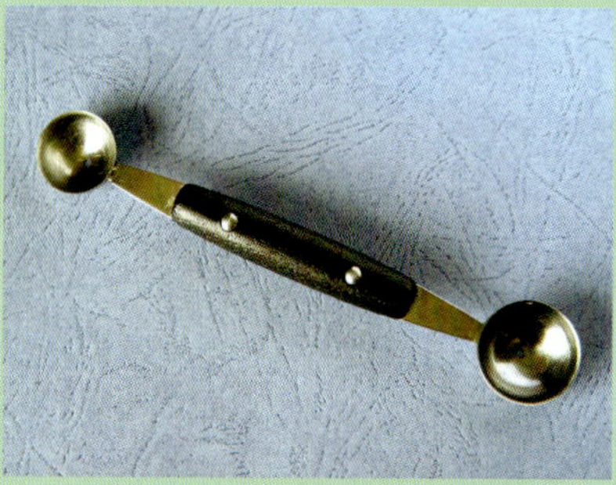

图 1-27

图 1-28

6.模具

模具是用不锈钢条按照某些动物或物体的轮廓形状弯折而成的空心模型，其边沿有刀口(见图 1-29)。

操作时将模具放置于原料上，用力压下，即可得到一块成形的原料，再按需求切成不同厚度的片状即可。多用于装盘、围边。

图 1-29

7.打皮刀

打皮刀根据打皮方式的不同，分为横刮式（见图 1-30)及推拉式(见图 1-31)两种。横刮式打皮刀的刀身为不锈钢制作，与较大的 U 形戳刀相似，也呈圆弧

图 1-30

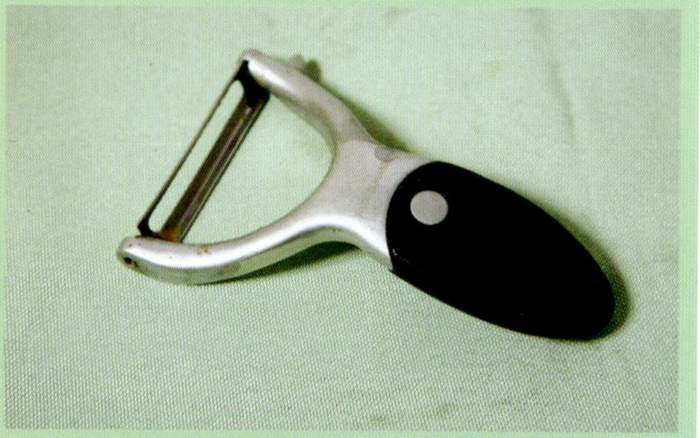

图 1-31

状，其刀身边沿有两排齿(用于刮鱼鳞)，刀身底部开有两个口，中间向下凹陷，刀口也就在这两个口的位置。横刮式打皮刀顾名思义就是用来刮去原料表面粗皮的。其持刀方法同挖球器。推拉式打皮刀刀身呈 Y 字形，配有塑料刀柄，刀片安装于“Y”字形刀身顶部，两面起刃。使用时大拇指、中指、无名指、小指自然弯曲，握住刀柄，食指扣住“Y”字形刀身的分叉处，向前推或向后拉，打去原料外皮。

打皮刀的磨制　先将横刮式或推拉式打皮刀刀口及油石用清水淋湿，将刀口平放油石上，用力向前推，直至将刀口磨出，然后换用青石将刀口磨锋利即可。

8.分规

分规（见图 1–32），类似平常用的圆规，与圆规不同的是分规两只脚均为金属尖。

分规可以用于雕刻瓜盅、瓜灯时的定位、画圆，同时也可以用于确定雕刻物象的比例。

9.502 胶

一种强力胶水（见图 1–33），用于食雕原料的粘接。

使用时先将原料表面切平，擦干水汽，将 502 胶水涂于原料的一个表面，然后立即将两块料的粘接位置靠紧，紧压 5~10 秒钟即可。

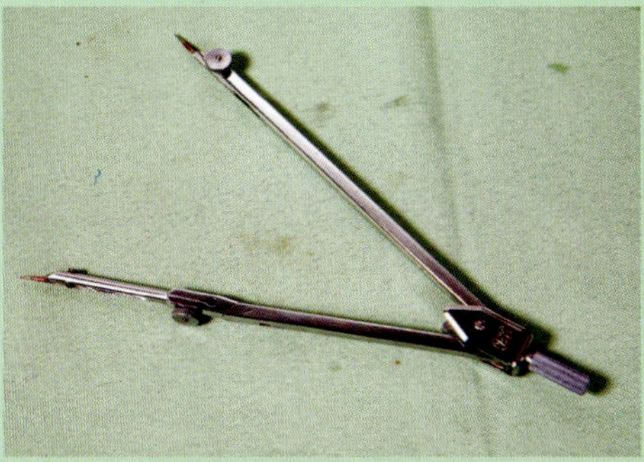

图 1–32

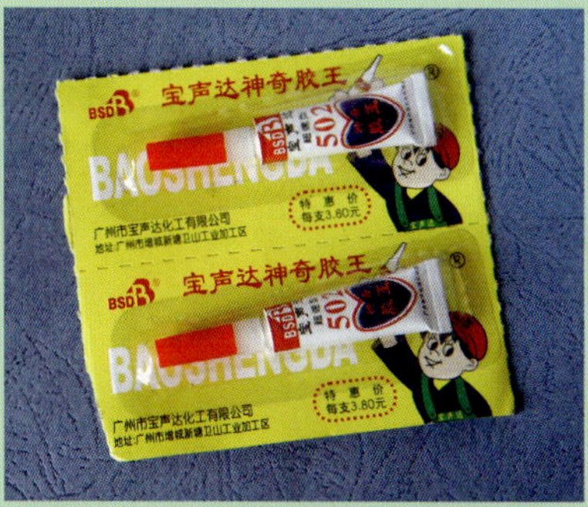

图 1–33

在使用 502 胶时要注意不要将胶溅入眼睛或口腔中，同时尽量避免胶与皮肤粘接。

八、食品雕刻的常用手法

1.切

切在食品雕刻中是最初的加工手段，一般用菜刀或雕刀将原料切出大形，以利于下一步的精加工。切大形时要注意下刀要准，尽量将不要的原料去掉，以加快雕刻速度，同时应避免将需要的部分去掉。

切有时也与粘相配合。如先将加工成形的原料切成片，再粘接在一起，完成造型。

2.削

削根据所使用的工具不同，而略有区别。用菜刀或打皮刀削，主要是将原料的表皮或粗皮去净。而食品雕刻中所使用的削，主要是指用雕刀在原料上从上至下去料或成形的一种手法，通常也称为直刻。如多数花花瓣的成形就是运用削这种手法。其持刀姿势参见食品雕刻工具一节中，雕刀持刀方法第一种。在削的过程中，应注意持刀手的大拇指应抵住原料，使运刀更稳，下刀更准。

3.戳

戳在食品雕刻中也是较常用的雕刻手法之一。戳需有专用的工具——戳刀。戳刀的形状有圆口（U 型）、尖口（V 型）和其他不规则的多种形状（参见食品雕刻工具一节——戳刀）。戳是将戳刀斜插入原料表面，持刀的手将刀匀速向前推动，制作出沟、槽、丝、条等形状的加工手法。如戳菊花、戳鸟羽毛等。其持刀方法参见食品雕刻工具一节中戳刀持刀方法。戳这种方法易于初学者掌握，戳出的线条也较为美观，使用戳刀时应注意持刀不要过紧，向前推进时，速度要均匀，不可时快时慢，以免戳出的线条粗细不匀。

4.旋

旋这种手法主要使用工具为雕刀，其持刀方法同削。只是削是在原料上直上直下，运刀线路为直线，削出的面也是一个平面。而旋，其运刀线路为弧线，削出的面也是带圆弧形的面，方法如同削苹果皮。一般在制作含苞待放或半开的月季花、玫瑰花、牡丹花、山茶花时会运用到这种方法。另外，在制作其他立体雕件时，也可以用旋这种手法来处理圆弧形的面，或旋出孔、洞等。旋这种手法掌握起来较难，初学者要加强练习，以熟练掌握该手法。使用旋时应注意持刀要稳，下刀要准，确保旋出的面光滑、平整。

5.刻

刻在食品雕刻中属于精加工，是指对雕刻作品局部较细形态的加工手法。刻常使用雕刀来进行，其持刀姿势参见食品雕刻工具一节中雕刀持刀方法第二种。刻在雕刻过程中主要是通过手指和手腕的活动，来达到去料的目的，其运刀范围较小。雕刻时要注意小心去料，避免出现错误。

6.粘

粘也是现代食品雕刻常用手法之一。粘是用502胶水将加工成型的原料粘接在一起。粘可以将形态较小的原料粘接成大块的原料，以制作出较大的作品。粘也可以直接成形，如一些小型花卉的制作，就是将原料制成需要的形态后，切成片，粘接成形。粘也用于组合雕的拼接、组装。通过粘接的原料，有牢固耐用、接口较小的特点。若没有502胶水，用牙签、竹签也可将两个原料连接在一起。在使用502胶水时须注意，胶水有毒性，必须与菜肴分隔开。

九、食品雕刻的运用

在现代餐饮企业中，食品雕刻由于美观实用、成本低廉、制作简单，所以运用较为广泛。在菜肴的点缀装饰中可见其身影；作为盛器盛装菜肴，也能体现它的实际价值；食品雕刻还常用来制作大型看台、展台，以美化环境，渲染气氛。

1.在菜肴装饰中的运用

一些较小型的食品雕刻作品可以摆放于盘边或盘中，作为装饰品来装点菜肴，起到辅助、陪衬菜品，弥补菜肴自身不足，增加菜肴美感的作用。如各种食雕花卉、鸟类等（见图1–34）。

食品雕刻用于菜肴的装饰、点缀时，还要注意菜品与雕刻作品的有机结合，如“宫保鸡丁”配雕刻的公鸡、“清蒸鲩鱼”配雕刻的渔翁、“白灼虾”配荷花，这样的搭配可以使菜肴协调合理、妙趣横生。

食品雕刻运用于菜肴装饰的注意事项：

①避免雕件形体过大，以免喧宾夺主。

②上桌以后的食品雕刻作品，由于摆放时间较长，表面失水，会影响其形、色，再次利用的价值不会太高，所以用于菜肴装饰的雕件制工不要太复杂，以简单、快速的雕刻作品为好。

③需注意雕刻作品的卫生，不能将腐败变质，或有异味的雕件用于菜肴的装饰，以免降低菜肴的品质。

④避免雕件与食用的原料直接接触，若是热菜，则属于“生熟不分”。

图1–34

⑤用于菜肴装饰的食品雕刻，不能含有毒、有害的物质，如502胶、铁钉、塑料、化学颜料等。

2.在菜肴制作中的运用

食品雕刻除了在菜盘中装饰、点缀菜肴外，还可以作为菜肴的盛器，与菜肴互相配合，共同组成一道集食用性与艺术性于一体的精美佳肴。食品雕刻作盛器时，多以盅或盏的形式出现，如南瓜盅、冬瓜盅、西瓜盅、木瓜盏、金瓜盏等。这种盅的制作方法是在原料表皮上雕出文字、花纹或图案，然后将顶部切开，挖去瓤即可。

图 1-35

“金瓜雪蛤玉米羹”（见图1-35）一菜便是用金瓜制作的盅。它选用10个大小均匀的小金瓜，雕刻成10个造型别致的金瓜盅，然后将制作好的雪蛤玉米羹装入盅内。这道菜绝妙的地方，是制作者为每个金瓜盅配了一片树叶，使得金瓜盅更有生机、更具活力。食雕作盛器除了可以雕刻成盅、盏外，还可以将其制成盘形、碗形、碟形、斗形、花形、舟形、盒形、罐形等其他形状。

图 1-36

有时食品雕刻还是菜肴制作中不可缺的一部分，成为整个菜肴的点睛之笔，有则全，缺则损。如“孔雀菜心”（见图1-36）一菜，孔雀身是用香菇制作的，菜心制作了孔雀开屏，虾仁和枸杞构成了孔雀尾翎，黄瓜切孔雀翅，最后配上食品雕刻的孔雀头，这样一只活灵活现、生动可爱的孔雀造型就用食品原料完成了。食雕的孔雀头，在这道菜肴中起到了主导作用，所有的原料都是围绕着这个头摆布的，孔雀头确定了该菜的主要内容、整体造型及中心思想。

食品雕刻运用于菜肴制作的注意事项：

①原料应选取大小适度，形状规则，无残缺，无损伤的。

②瓜体表面的纹样或图案，不可太复杂，应以简单、便捷的图案为主。

③在雕刻时要注意下刀不可过深，以免将盅（或盏）刺穿，使菜肴装入后，汤、汁容易渗出，影响菜肴观感。

④雕好的食雕作品，若作为盛器用，要与菜肴直接接触，可以先上笼蒸至断生，或入沸水锅中氽一水，杀菌消毒。若没有加热消毒，菜肴装入前，可在雕件内，垫上锡铂纸或其他餐具，避免直接接触，交叉污染。

3.在筵席台面中的运用

食品雕刻作品用于筵席台面的装饰，是现代餐饮业的一种常用桌面装点手法。

现在的一般大众筵席，桌面中间都要摆放插花或花盆等，用于装饰餐桌，有的摆上鱼缸，喂养几条金鱼、摆上几朵莲花，显得更加生态、环保。若是高档次筵席，台面中间摆放的一般是食品雕刻作品。这些食品雕刻作品通常带有对就餐者的美好祝愿，如寿宴就摆“松鹤延年”、“麻姑献寿”、“八仙贺寿”、“童子献桃”等；若是婚宴则摆“龙凤呈祥”、“鸳鸯戏水”、“花好月圆”、“双喜临门”、“百年好合”等；过年过节的家人团圆宴，就上“金玉满堂”、“富贵平安”、“吉祥如意”、“五福临门”、“连年有余”(见图 1-37)等。摆于筵席台中间的这些食品雕刻作品只供人欣赏，不食用。

图 1-37

食品雕刻运用于筵席台面的注意事项：

①所摆食品雕刻的主题，要与客人办宴目的相符。若婚宴台面中间摆放“天女散花”的食品雕刻作品就不恰当了；一位老人的寿宴，雕一个“鸳鸯戏水”，感觉也别扭。所以食品雕刻师在给宴会配雕刻作品时，一定要了解客人办宴的目的，以免闹出笑话。

②食品雕刻作品应注意尺寸的把握，不可过高、过大。若食品雕刻作品太高，可能阻挡宴席上客人的视线，对坐的两位客人，可能看不到对方。若不是每人 1 份的上菜方式，一般开始上热菜的时候，服务员都会将食品雕刻撤下，假如食品雕刻作品太大、太沉，则不利于服务员操作，还可能会影响到客人。

4.在大型展台中的运用

随着社会交流的日益频繁，餐饮企业间的交流活动越来越多，如烹饪表演、烹饪大赛等等。这些活动，给了餐饮企业一次次展示企业能力与实力的机会。有很多企业经营者都想借助这些活动，使企业从众多的同行中脱颖而出。大型食雕展台的制作，是吸引参观者目光、引起人们注意的一个有效手段。大型食雕展台雕刻题材较为广泛，常用的有龙凤(见图 1-38)、仙鹤(见图 1-39)、麒麟、鲤鱼、骏马、公鸡、人物、景物等。所用的原材料也不仅限于果蔬类原料，一些酒店还用黄油雕(见图 1-40)、泡沫雕(见图 1-41)、巧克力雕、冰雕、琼脂雕、糖塑、面塑(见图 1-42)等。有

图 1-38

图 1-39

图 1-40

时根据展台需要，将多种原料混合使用，最后组合成完整的展台，如见图 1-43 就是由泡沫雕、西瓜雕、南瓜雕组合而成的。这种食雕展台完全不食用，只供人观赏，除了在烹饪表演、烹饪大赛上使用，一些企业开业、搞活动或大型的、档次较高的宴会、冷餐会也会制作大型展台。

大型展台制作的注意事项：

①大型食雕展台制作的形式与题材尽量体现出企业文化。由于大型食雕展台展示的是企业形象，所以在雕刻作品题材、体材的选择上，应体现出企业文化。如图 1-44 所示，该展台展示的

图 1-41

图 1-42

图 1-43

是一只龙鹰神兽正伸出利爪抓向鸭形火锅盆的形象，这家企业正是一家叫“龙鹰鸭王火锅城”的传统火锅酒楼，这样展台内容与企业文化便有机地结合了起来。

②在运用果蔬原料制作大型展台时，由于单个原料体积较小，可以用 502 胶将原料拼接起来，以增大原料体积，方便题材的表现。图 1-45 是第四届中国国际美食旅游文化节“2008 金沙蜀宴”制作的主展台，中间的主体雕刻凤凰高度近 1 米，用 150 千克南瓜粘接而成。在运用粘接方法时，要注意原料与原料之间的连接应紧密无间隙；若作品太大，应在用了 502 胶的基础上，再用竹签、竹筷、牙签等穿插其间，以增强其牢固性。

图 1-44

图 1-45

③大型食雕展台的制作还要考虑原料的质变。因为食雕原料比较容易腐败变质，所以制作时要把握好制作工艺及操作时间。若雕刻时间过长，或雕刻过细，则原料易坏。

④大型展台的制作还要注意安全性。由于大型展台上所用的雕件，有的高达几米，所以雕件的稳定与安全非常的重要，特别是在一些展示及比赛活动中，展台前有众多的参观者，若雕件不稳，则容易伤人。

十、食品雕刻作品的贮存

食品雕刻所用的原料大部分都是易失水、易腐败的。所以食品雕刻原料及作品的保管与贮存就变得尤为重要。若保管、贮存不利，在一定的环境因素影响下，会加快食雕作品的腐败、变质时间，从而影响食雕作品的效果，严重的还会影响整个工程，败坏企业形象。

引起食雕作品腐败变质的原因有三个。一是食品自身因素。因所有烹饪原料中均含有各种酶，酶使原料不断进行着一系列的生物化学变化，从而使原料腐败。二是环境因素。温度、湿度、阳光和空气这几个因素，也促进食物发生着各种变化。三是微生物污染。当温度在20℃左右，pH值为5.8~7.0时，原料中水分含量较高，微生物大量繁殖，也会加快原料的腐败变质。掌握食品雕刻作品变质的原因，可以使我们更有效的控制原料质量，减缓微生物的繁殖，从而延长食雕原料及作品的储存期。

针对食雕作品腐败变质的原因，目前食品雕刻原料及作品常采用以下方法保管与贮存。

1.干燥储存法

干燥储存法主要针对食品雕刻原材料的储存。它是将一些含水量相对较少的食雕原料，如马铃薯、红薯、芋头等，放置于干燥、阴凉、通风、清洁的区域直接储存，其温度最好为13~21℃，若温度过高，原料则易失水干瘪变蔫或腐烂变质。干燥贮存法要避免阳光的直射，以免加速质变。

有条件的，可以将原料逐一用保鲜膜或塑料袋包裹起来后贮存，这样可以避免水分挥发过快，保住原料内部水分，特别是南瓜、萝卜类原料，水分挥发后，容易空心，不利于操作，影响成形效果。

2.湿布包裹法

湿布包裹法是用清水打湿洁净的毛巾，然后将原料包裹起来的方法。这种方法适用于雕刻过程中半成品原料的保湿，以免雕刻时间过长，先雕好的原料失水变形或变色，影响作品效果，若当天没能完成，第二天还要继续制作的半成品，也可采用此方法。用湿布包裹半成品时，要注意毛巾水分不可过重，以免雕好部分的原料吸水，脆性增强，容易断裂。

3.直接浸泡法

顾名思义直接浸泡法就是将雕件直接浸泡于清水中的方法。这种方法适宜于短时间雕刻作品的贮存与保湿，以利于作品展示前处于最佳状态，该方法也用于一些需精细处理的位置，雕刻前先泡水，使原料吸足水，增强硬度，方便细节的雕刻与表现。直接浸泡法需注意浸泡所用的器具一定要干净，没油污，否则会加快原料的腐败。

4.矾水浸泡法

矾水是清水与1%的明矾调制而成的溶液。明矾又称为白矾、钾矾、钾明矾，是由明矾石经煅烧、萃取、结晶而得到的一种无色透明、坚硬的大结晶块或白色结晶性粉末。明矾溶于水，在水中会发生水解作用，生成氢氧化铝的胶体沉淀，故可用作净水剂，以凝聚水中的浮游物及杂质。用明矾溶液浸泡食雕作品，可以起到洁净雕件、防止腐烂变色、延长贮存时间的作用。若用矾水浸泡原料，发现水质浑浊时，应及时更换同比例的新明矾溶液浸泡雕件，以免质变。

5.高温冰箱贮存法

高温冰箱是相对于低温冰箱而言的，高温冰箱温度应控制在2~4℃之间，若温度过低，原料内部水分易冻结，影响作品效果；温度过高，又达不到抑制细菌、微生物生长、繁殖的目的。这一方法可有效减弱原料内酶的作用，使微生物丧失活力，从而达到较长时间贮存雕刻作品的目的。雕刻作品在进入冰箱前，最好不要用水泡，而且要用塑料袋或保鲜膜包好，放入冰箱冷藏，使用前从冰箱内取出再用清水浸泡。一些小件的雕刻作品，可以放入洁净的塑料容器内盖上盖放入冰箱。另外，冰箱自身的清洁卫生也极为重要，冰箱应清洗干净，擦干水分，否则也会加速原料质变。

6.冷冻贮存法

冷冻贮存法是将雕刻作品放置于-18℃或更低温度冻库贮存的方法。这种方法适宜于冰雕的贮存，一般的果蔬雕刻则不能采用这种方法。冷冻贮存法可以将雕件长时间贮存，只要不损坏，可以一直存放而不坏。

7.琼脂涂抹法

琼脂也叫洋菜、琼胶、冻粉，是由琼花菜属植物及海藻中提取的一种多糖混合物，其组成成分是琼脂糖及琼脂胶。琼脂一般呈细长条状，或薄块状、细粉状、颗粒状。琼脂不溶于冷水，在使用时应用清水与0.2%的琼脂混合加热，待完全溶化后，趁热涂抹于食雕作品上，待其冷却后形成凝胶，包裹于原料表面，形成一层保护膜，起到隔氧、保水、保色的作用。在熬制琼脂溶液时，根据琼脂品质的优劣，酌情增减琼脂的用量，琼脂质优少用，质次则加大用量，但需注意用量不可过大，以免涂抹过厚，影响雕刻作品的观赏效果。

除了琼脂外，还可以用明胶（一种用动物的皮、骨、软骨、韧带、肌膜等富含胶原蛋白的组织，经部分水解后得到的高分子多肽的聚合物），但明胶受潮后极易被细菌分解，加速微生物的生长繁殖，导致食雕作品变质。所以涂抹了明胶的雕件，不宜久贮。

8.清水喷淋法

清水喷淋法主要用于布置好的展台上食品雕刻作品的保鲜处理。其方法是将清水装于喷壶内，在展示期间定时给雕刻作品喷水，保持作品的水分，避免作品内部水分在展厅高温环境下挥发，致使作品干枯、变色、失去光泽。实施清水喷淋法时，应注意采用量少勤喷的方式，每次少喷一点水，只将作品表面淋湿即可，避免喷的水流到台面上，污染展台。

9.包裹浸泡法

该方法特别适合于在没有冰箱的情况下，较长时间贮存雕刻半成品或成品。操作方法是：先将作品用保鲜膜包裹几层，或用保鲜袋将作品装好并封好口，然后放入洁净的容器中放平、放稳，再倒入冷水，使其降温贮存的方法。包裹浸泡法用保鲜膜包裹，既可以避免原料内部水分挥发，又可以阻止空气进入，用冷水浸泡，可以降低温度，减缓微生物的生长繁殖速度，从而达到延长保存期的目的。这种方法在使用时应注意，保鲜膜或保鲜袋封口一定要严，避免清水与原料直接接触。

思考与练习

1.什么是食品雕刻？

2.试述食品雕刻的由来及发展。

3.食品雕刻的作用是什么？

4.按雕刻题材可以将食品雕刻分为哪几类？

5.食品雕刻的表现形式有哪些？分别叙述出它们各自的特点。

6.请说出雕刀的握刀方法及运用范围。

7.食品雕刻的常用手法有哪些？举例说出它们各自的运用范围。

8.简述食品雕刻的贮存方法。

第二讲　花卉的雕刻

教学目标

1.了解花卉的基本结构及雕刻要点。

2.掌握花卉雕刻削、戳、旋、粘这几种方法。

3.熟练掌握常用花卉品种的雕刻。

4.能根据所学花卉的雕刻方式,雕刻出其他多种花卉。

花,以它的绚丽多彩和蓬勃生机,给人以美的享受,增添了人们的生活情趣,引起人们美好的遐想,陶冶性情。因为人们爱花,所以厨师便把花的形象搬上了餐台。他们运用雕刻的方法,将食品原料制作成各式各样的花卉,使花卉的形态得以再现,这就是花卉的雕刻。

一、花卉的基本结构

春季有蝴蝶花、金盏菊、矢车菊、郁金香、君子兰、牡丹花、山茶花、杜鹃花、桃花等;夏季有荷花、睡莲、百合花、晚香玉、美人蕉等;秋季有鸡冠花、牵牛花、胭脂花、菊花等;冬季有梅花、腊梅、水仙花等。上述花卉虽然形态各不相同,但是它们的基本结构却是一样的。都是由花瓣、花蕊、花蒂、花萼四部分组成(见图 2–1)。其中花蕊分雄蕊和雌蕊;花萼是花瓣下部的一圈绿色小叶片;花蒂是花与枝茎相连接的部分。

图 2–1

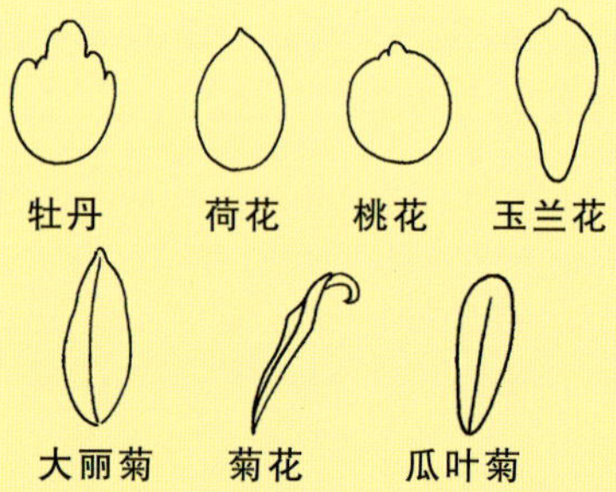

图 2–2

1.花瓣

瓣形:各种花卉按其花瓣的形状可分为圆形、椭圆形、丝状、舌状、筒状等(见图 2–2)。圆形花瓣的有山茶花、梅花、玫瑰花等;椭圆形花瓣的有荷花、令箭荷花、玉兰花、郁金香等;丝状花瓣的有龙爪菊、虎爪菊等;舌状花瓣的有瓜叶菊、蒲公英、波丝菊、大丽菊等;筒状花瓣的有晚香玉、牵牛花、百合花、胭脂花、凌霄花等。按花瓣的大小又可分为大瓣花、小瓣花及细瓣花三类。大瓣的花有荷花、玉兰花、睡莲、郁金香、美人蕉等;小瓣的花有玫瑰花、牡丹花、山茶花、月季花等;细瓣的花有菊花、桂花、樱花、蜡梅花、水仙花等。而且同一朵花花瓣的大小也是不一样的,一般情况下是外边(层)的大,里边(层)的小,从外到内由大渐小。

图 2–3

瓣色:花卉的色泽姹紫嫣红、绚丽多彩(见图 2–3)。红色的有:梅花、牡丹花、月季花、美人蕉、荷花等;白色的有:玉兰花、水仙花、樱花、梨花等;黄色的有蜡梅花、菊花、玫瑰花等；紫色的有蝴蝶花、紫藤等。有一种花就有多个颜色，如：梅花有白色、大红色、淡红色、浓红色、绿色等色，其中以绿为贵；玉兰花有乳白色、紫红色等，其中紫红色花，背面为紫红色，里面淡红色；荷花有白色、粉红色、深红等色；郁金香有紫色、红色、白色、双色、黄色、黑色等，其中以黑色为贵。

数量：各种花卉除了花瓣的形状、色泽不一样以外，每种花的瓣数和层数还都不同。如：梅花有单瓣和重瓣两种，单瓣的只一层五瓣，重瓣的则每层五瓣，层数较多；玉兰花分三层，每层三瓣；百合花共六瓣，分两层；金盏菊有三至四层，每层瓣数较多。另外，在一朵花中，花瓣彼此分离的是离瓣花，若有不同程度联合者，被称为合瓣花，如牵牛花、水仙花、凌霄花等(见图 2–4)。

图 2–4

2.蕊

蕊形：花卉的蕊有雌蕊和雄蕊之分。雌蕊位于花中心，生于花蒂上，由柱头、花柱、子房组成(见图 2–5)。有些花雌蕊柱头分有叉，称为复雌蕊，如百合花；没有分叉的叫做单雌蕊，如桃花。大多数花的雌蕊呈丝状，花药一个，如梅花、山茶花等；有的雌蕊呈丝状，其花药三裂，如百合花；有的雌蕊呈丝状，花药五裂，如金丝桃等；有的雌蕊呈柱状，花药多，如玉兰花；有的雌蕊呈碗状，如荷花(见图 2–6)；有的雌雄同株，如蜀葵、波丝菊等。雄蕊由花药、花丝组成，也有的花丝瓣化似花瓣。

图 2–5

图 2–6

蕊色：花蕊多为白须黄药，如山茶花、牡丹花等。也有例外的，如玉兰花，其雄蕊朱黄色，雌蕊嫩绿色；金丝桃，蕊呈金黄色；梨花，白须，黑褐色花药。

数量：花卉的雄蕊和雌蕊在一般情况下是，雌蕊少，雄蕊多。如雌蕊 1 枚，雄蕊 2 枚的有迎春花，其雌蕊长，雄蕊短小；雌蕊 1 枚，雄蕊 5 枚的有百合花；雌蕊 1 枚，雄蕊多的有梅花；雌蕊数枚，雄蕊较多的有牡丹花等。

3.萼

花萼由几个萼片环列在花瓣最外围或最下一轮上，也有作螺旋状排列的。

萼形：花萼的形多如小叶片。也有的花萼片瓣化，萼片里面与花同色，有的则与花瓣无异，如睡莲、西番莲等。萼片有的大小相似，有的大小不等。

萼色：大多数花的花萼色泽为嫩绿色、翠绿色或深绿色，亦有带红色或带紫色的。

数量：根据花的种类不同，有 3 片、4 片、5 片或更多，但单瓣花的萼片数往往与花瓣数相等。

在食品雕刻中，一般没有将花萼和花蒂雕刻出来，通常情况下是用菜叶代替萼和花叶，用牙签或竹签代替蒂和茎。

二、花卉雕刻的要点

1.根据所雕刻对象的自然色泽选择原料。各种花卉都有其自身的色泽，在雕刻时最好选用与其色泽相同或相近的原料进行雕刻。如雕刻梅花，选用红萝卜，因红萝卜外红，心黄，外层正好表现花瓣，其黄心则作梅花的花心；又如乳白色的玉兰花，选用土豆，因土豆雕刻好泡水后，其色泽变成乳白色；马蹄莲宜选用乳白色的香芋或土豆雕刻。

2.选择原料应注意质地。一般选用质地细嫩、坚实不空的原料，这类原料透光性较强，雕刻后给人以光滑、轻薄的感觉。如萝卜、土豆、红萝卜、青笋等。

3.要注意原料的柔韧性。由于所有的原料都有柔韧性（只是柔韧性的大小不一样），所以多数花卉雕刻完放入水中浸泡后，原料吸水，花瓣向外翻卷，从而使雕刻好的花形比下的坯料还大。所以雕刻时，出坯应比雕好后想要达到的大小稍小一点，待雕刻好泡水后，其花瓣外翻，达到想要的效果。

4.雕刻的花瓣宜上薄下厚。如果雕的花瓣上下厚薄一致，容易折断，而且不利于花瓣吸水后外翻，立体感不强（因花瓣一样厚薄，透过的光亮一样多，层次感不易体现出来）。下面厚上面薄，这样花瓣既能体现出较薄的花瓣，又不易折断，质感也好。

5.花卉雕刻要注意分瓣均匀，避免雕刻出的花瓣大小不一。可以在雕刻前先利用几何形定好花瓣的位置，如四瓣花在原料横切面用正方形定位，五瓣花在原料横切面用五角星定位，力求花瓣大小均匀。

三、花卉雕刻实例

（一）荷花

荷花，由于其“出淤泥而不染，濯清涟而不妖”，而为人们所崇尚。

图 2-7

荷花（见图 2-7），又叫水芙蓉，属睡莲科多年生水生草本花卉，原产亚洲热带和温带地区，其品种多达 50 种。荷花单生于花梗顶端、高托水面之上，花有单瓣、复瓣、重瓣、重台、千瓣之分；花色有红、粉红、白、淡紫等，或有间色、彩纹、镶边，花白者香，红者艳，千叶者不结实。花瓣长，宽且大，顶端呈尖形，单瓣者为一层六瓣，重瓣则瓣数甚多。荷花雄蕊甚多，白须花药黄色；雌蕊离生，埋藏于倒圆锥状海绵质花托内，花托表面具多数散生蜂窝状孔洞，受精后逐渐膨大称为莲蓬，每一孔洞内生一小坚果（莲子）。花叶大而圆似盘状，叶背中夹着长叶柄。花期 6~9 月份。

荷花雕刻实例一（见图 2-8，①~⑬）

①选取坚实不空的心里美萝卜 1 个。

②将原料斜面削出六个大小均匀的面，使原料顶部大底部小。

图 2-8

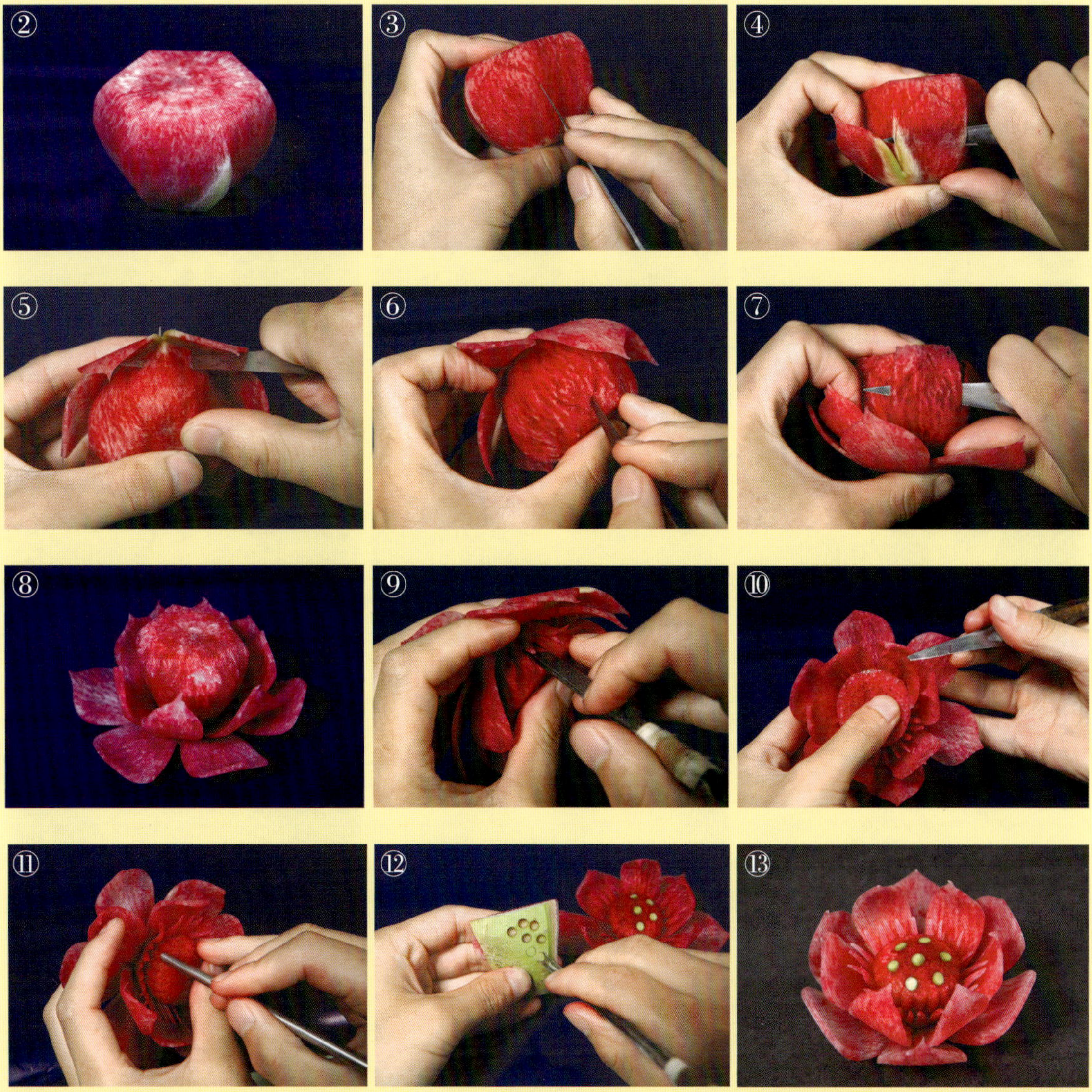

图 2-8

③在削好的六个面上用刀尖刻画出荷花的花瓣形。

④用雕刀从上至下削出花瓣，使花瓣顶部薄底部厚，去掉花瓣以外的废料。

⑤第一层花瓣削好后，从每两个瓣之间下刀，由下向上提起，去掉一块原料。

⑥按照第一层花瓣的做法在削好的面上刻画出第二层花瓣的形状。

⑦将第二层花瓣削出。注意下刀要小心，不要伤着削好的第一层花瓣。

⑧第二层花瓣削好后，又去掉一层中间的原料，并将中间的余料修成圆柱状。

⑨将圆柱削矮，用小号V形戳刀在圆柱上戳出一圈丝状的花蕊。

⑩待花蕊全部戳好后，再次去掉一层原料，使花蕊与圆柱分开。

⑪用小号圆口戳刀在圆柱上刀口向内，从上向下戳出莲蓬。

⑫用小号圆口戳刀在心里美皮上戳出莲子，并按于莲蓬上。

⑬一朵美丽的荷花就雕刻完成。

荷花雕刻实例二（图 2-9，①~⑨）

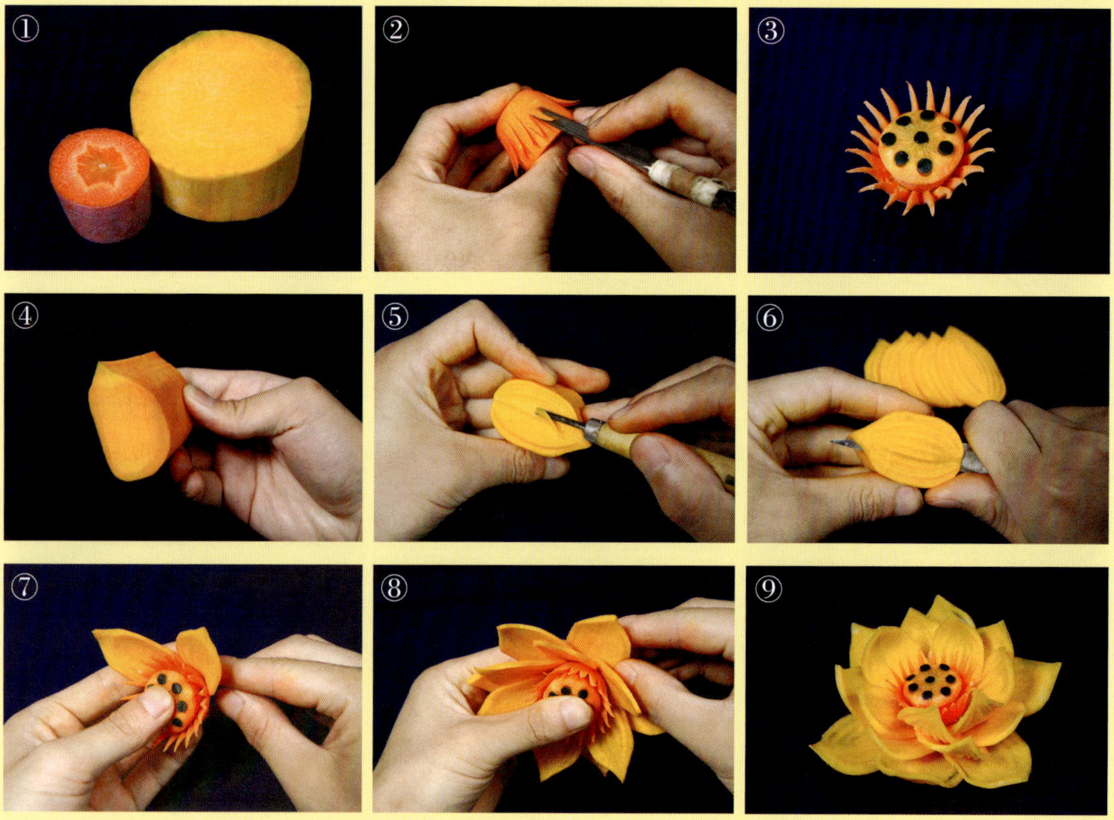

图 2-9

①切取南瓜、胡萝卜各 1 段。

②削去胡萝卜外皮，将其修成底部小顶部大的碗状，用小号 V 形戳刀在斜面上戳出荷花花蕊。

③待花蕊全部戳好后，削去一层原料做出莲蓬，并装上莲子。

④将南瓜修成荷花花瓣的形状，并将原料花瓣的面削成圆弧状。

⑤在荷花花瓣状原料上用木刻小号圆口戳刀戳出花茎。

⑥用戳刀削下花瓣。重复第④、⑤、⑥的方法，做出多瓣花瓣备用。

⑦用 502 胶水将削好的荷花花瓣粘在莲蓬上，每层为 6 瓣。

⑧待第一层花瓣粘好后，再在第一层的每两个花瓣之间粘第二层花瓣。如此反复，直至将所有的花瓣粘完。

⑨一朵粘接而成的荷花就做好了。

荷花雕刻实例三（见图 2-10，①~⑦）

①选取形状规则的洋葱 1 个。

②将洋葱表面一层均匀的分成6份，并用刀尖在每一份上刻画出荷花花瓣形状。

③去掉表层每个花瓣之间多余的原料。

④在外层每两个花瓣之间刻出第二层花瓣的瓣形，并去掉废料。

⑤用同样的方法在第二层每两个花瓣间雕第三层花瓣。

⑥将中间剩余的原料削矮一截，并安上用其他原料制成

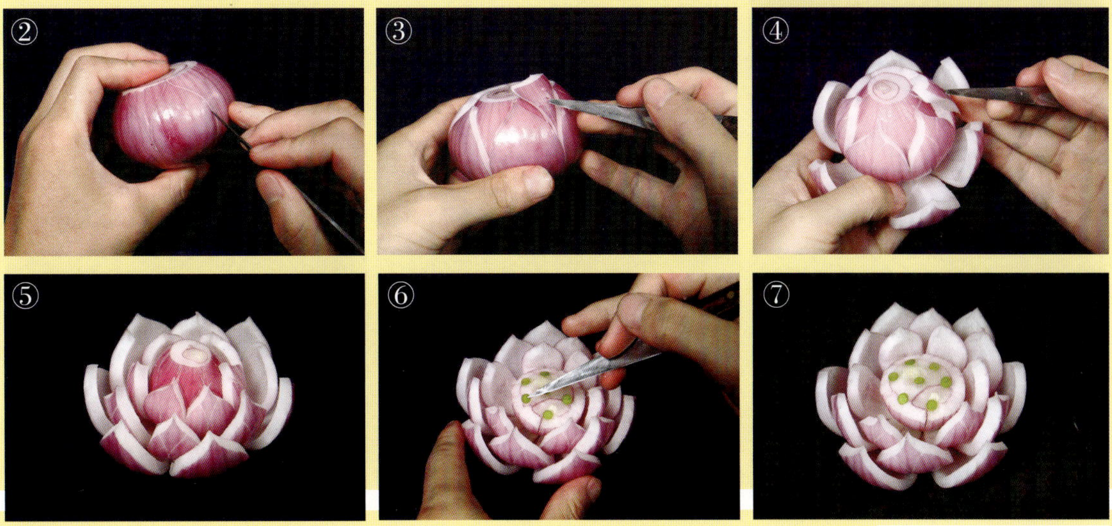

图 2-10

的圆形莲子，做出莲蓬。

⑦这样一朵洋葱荷花就雕刻完成了。

（二）百合花

图 2-11

百合花（见图2-11）又名百合蒜、中逢花等。因其地下鳞叶数十片相累，其形如白莲花而得名。百合有百片合成之意，是我国传统的名花。

百合花色有白和红、紫、黄色。白者洁白如玉，红者艳丽宜人，有的花被上还散布着红色、紫色、红褐色等各色斑点、条纹。百合花花瓣6枚，分2轮，靠合成钟形、喇叭形。雄蕊6枚，花丝细长，四面张开，伸出反卷的花被之外，花丝淡红色，花药紫色，雌蕊1枚，较长而柱头三裂，花朵直立、下垂或平伸，花色常鲜艳，有白、黄、粉、红等多种颜色。

百合花被视为“百年好合”、“百事合意”的吉兆，有深深祝福的意义。受到这种花祝福的人具有清纯天真的性格，集众人宠爱于一身。

百合花雕刻实例一（见图2-12，①~⑨）

①准备1根胡萝卜。

②打去胡萝卜外皮，将原料修成顶部大底部小的喇叭形。

③将原料均匀的分成3等份，并从原料大的一端下刀，向下削至整个原料长度的2/3，呈三

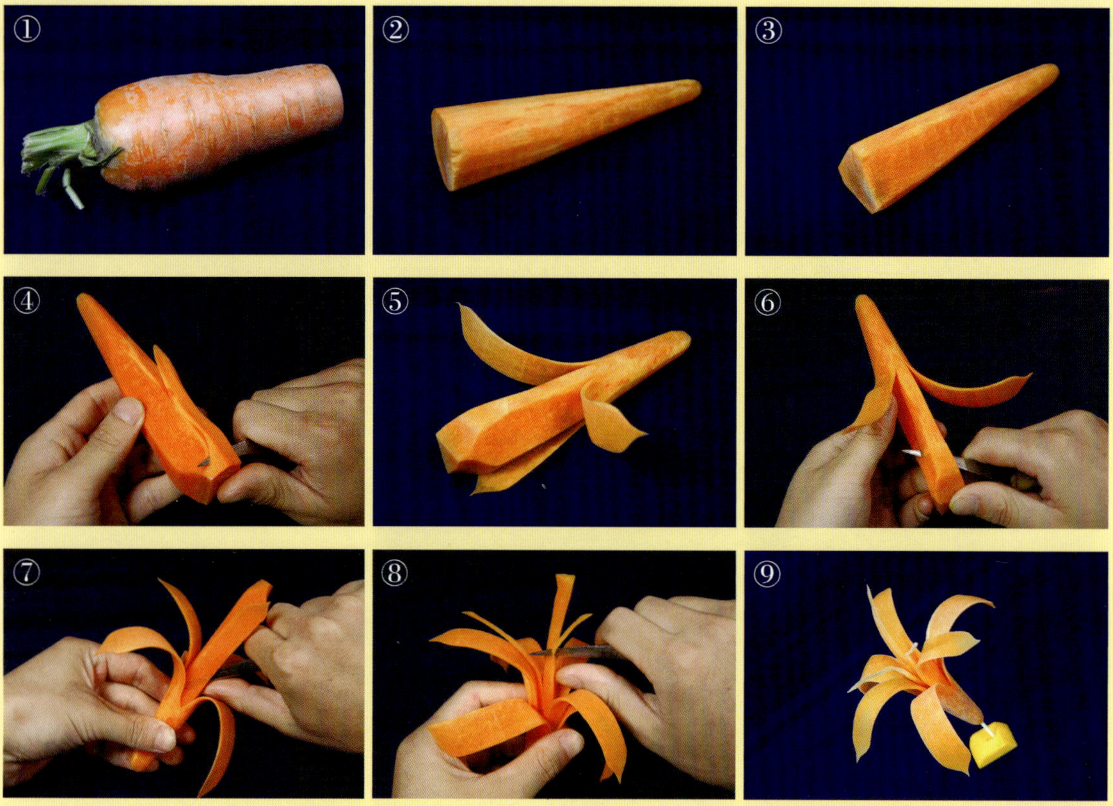

图 2-12

个大小均匀的平面。

④用雕刀在两个平面之间的棱角下刀，削出百合花花瓣的形状。

⑤再用雕刀由上至下削出百合花花瓣。

⑥在两个花瓣之间下刀，由底部向上提起，去掉一层原料。

⑦在刚去料削好的面上修出第二层花瓣的形状，并雕刻出第二层花瓣。

⑧将第二层花瓣两瓣之间的原料去掉，并使其呈三棱柱状，再在棱角上下刀，削出丝状的花蕊 3 根。最后去掉中间的余料。

⑨百合花就雕刻完成了。

百合花雕刻实例二（见图 2-13，①~⑧）

①切取南瓜 1 段，将其修成勺状的百合花花瓣形。

②用雕刀将其削成向内翻卷的百合花花瓣 6 片。

③另取胡萝卜 1 根，将其削成圆柱状。

④用小号 V 形戳刀戳出丝状花蕊。

⑤待花蕊戳好后，将花蕊中

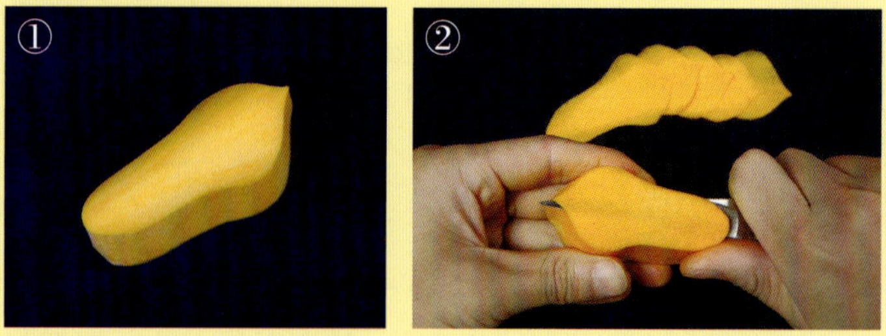

图 2-13

图 2-13

间多余的原料去掉。

⑥用 502 胶水将第一层 3 个花瓣粘于花蕊周围。

⑦第二层 3 个花瓣粘于第一层每两个花瓣之间。

⑧这样一朵粘接而成的百合花就完成了。

（三）菊花

菊花（见图 2-14）又名菊华、秋菊、九华、黄花、帝女花、笑靥金、节花。因其花开于晚秋和具有香味故有“晚艳”、“冷香”之雅称。菊花是我国传统花卉，为多年生草本，栽培的历史十分悠久。现在品种多达 3 000 种以上。菊花历来被视为孤标亮节、高雅傲霜的象征。菊花，同“兰、竹、梅”共被誉为“四君子”。

图 2-14

菊花花色艳丽，有红、黄、白、墨、紫、绿、橙、粉、棕、雪青、淡绿等色。花序大小和形状各有不同，有单瓣，有重瓣；有扁形，有球形；有长絮，有短絮，有平絮和卷絮；有空心和实心；有挺直的和下垂的，式样繁多。菊花花瓣有平展的、卷成管状的，长有毛刺的及瓣端开裂如爪的（它的“花朵”，实际上是盘状花序；“花心”满布雌蕊和雄蕊的两性花；而“花瓣”，只是仅有雌蕊的单性花）。叶互生，形大，卵圆至长圆形，边缘有缺刻及锯齿，基部楔形，有柄。

菊花是长寿之花，传说朱孺子常饮用甘菊花和梧桐子泡的茶，后来成了神仙。在传统图案中，由寿石、菊花、蝴蝶、猫组成的“寿居耄耋”，则是祝颂年老者长寿之意。

菊花雕刻实例一（见图 2-15，①~⑧）

①取心里美萝卜 1 个，将其修成顶部大底部小的圆台。

②用小号 V 形戳刀从原料顶面下刀，自上而下戳至底部，呈丝状的菊花花瓣。

③待第一层花瓣全部戳好后，用雕刀削去一层原料，使中间的余料成圆台状。

④用同样的方法戳出第二层花瓣。

⑤去掉一层中间的余料，

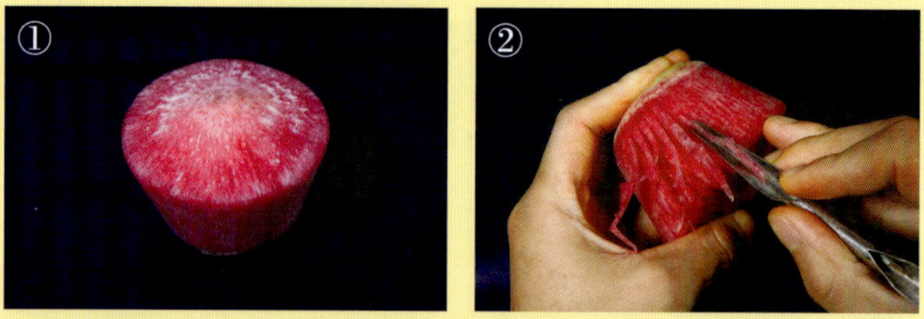

图 2-15

并将原料削矮一截。

⑥用同样的方法依次戳至花心。

⑦最后去掉花心中间多余的原料。

⑧这样就将一朵龙爪菊雕刻完成。

菊花雕刻实例二(见图 2-16,①~⑨)

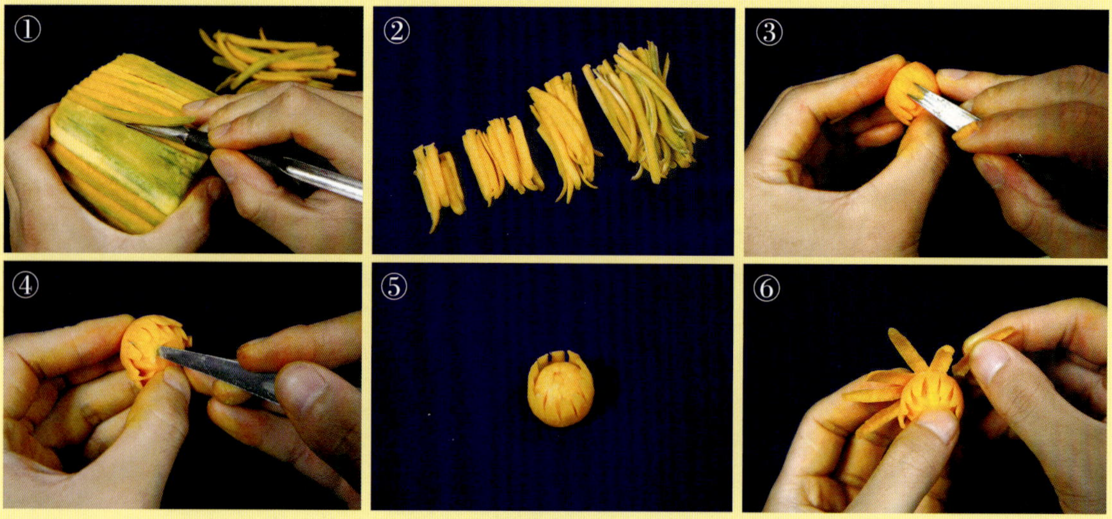

图 2-16

图 2-16

①取南瓜 1 段，用小号圆口戳刀在原料上戳去一片原料，然后再换用大一号的圆口戳刀戳出菊花花瓣。

②用同样的方法戳出长短不一的四种菊花花瓣若干。

③另取原料一块，将其削成半圆球形，并用圆口戳刀戳出一圈花瓣。

④戳好第一层花瓣后，用雕刀削去一层原料。

⑤用同样的方法将花心做完。

⑥取戳好的最短的花瓣，用 502 胶水将其粘于戳好的花心周围。

⑦粘第二层时要注意花瓣应该是在第一层的两个花瓣之间。

⑧越到外层，花瓣越长，这样才能体现出菊花整体的疏密感和层次感。直至将花瓣全部粘完。

⑨这样就将一朵菊花粘接完成。

（四）金盏菊

金盏菊（见图 2-17）因其花期长，又名长生菊、常春花、黄金盏、金盏花等。该花耐寒、喜充足阳光，适应性强。金盏菊属菊科金盏菊属，原产欧洲南部，世界各地栽培甚广。株高 30~60 厘米，为二年生草本，全株被白色茸毛。单叶互生，椭圆形或椭圆状倒卵形，全缘，基生叶有柄，上部叶基抱茎。头状花序单生茎顶，形大，4~6 厘米，最大的可达 10 厘米。花瓣舌状，一轮或多轮平展，单瓣外围有一轮大瓣，重瓣中有平瓣型和卷瓣型（各瓣两缘沿中缝稍稍反卷），花色有淡黄、柠檬黄、金黄、淡橙和橙红等，花心呈半圆球形，由多数细小碎瓣组成。

图 2-17

金盏菊雕刻实例（见图 2-18，①~⑪）

①准备南瓜 1 段，打去粗皮备用。

②将圆口戳刀插入南瓜圆面正中，深度 1.5 厘米左右，旋转一圈，确定出金盏菊的花心。

③雕刀围绕着花心，斜

图 2-18

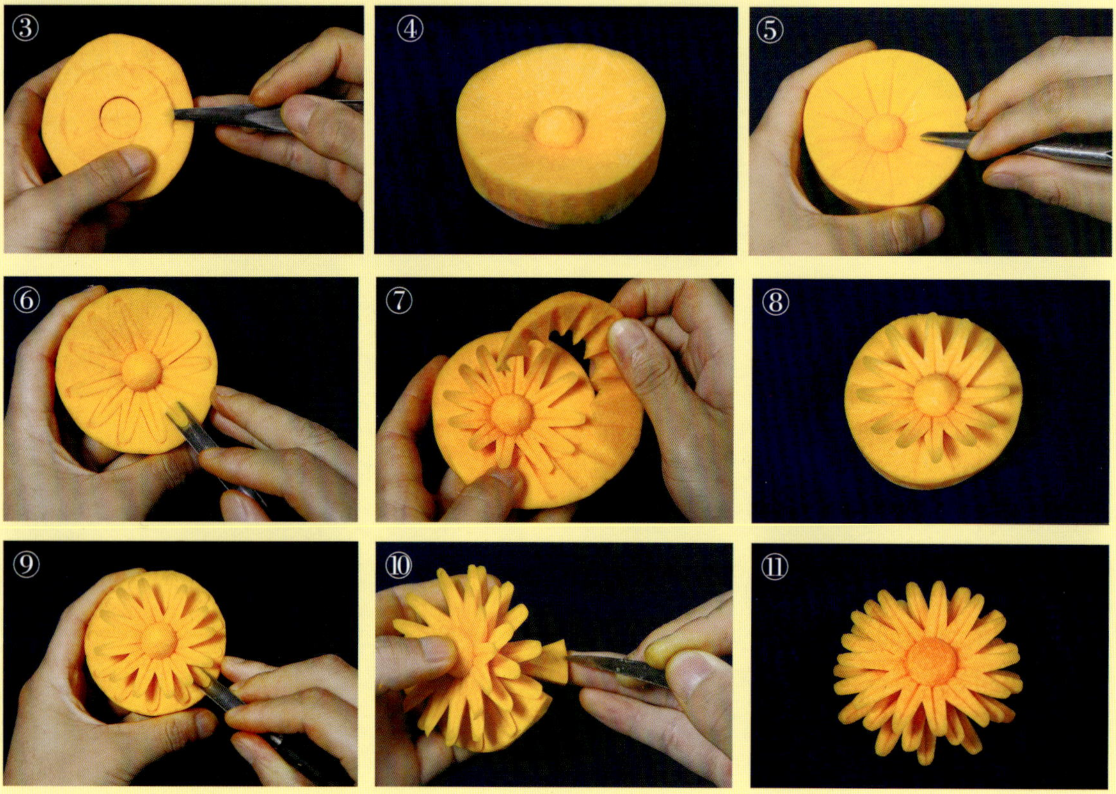

图 2-18

刀去掉一层原料，使花心呈一突起的圆柱形。

④将圆柱状的花心打掉棱角，修成半圆球形。

⑤用 V 形戳刀在半圆球花心周围的斜面上浅浅的戳出花瓣的茎 12 根。

⑥再用圆口戳刀在戳好的花茎下面下刀，戳出金盏菊的花瓣。

⑦待一层戳完后，用雕刀将花瓣下面的原料削去一层。

⑧按照同样的方法用 V 形戳刀在两个花瓣之间戳出第二层花瓣的花茎。

⑨再次用圆口戳刀戳出第二层花瓣。

⑩待第三层花瓣制好后，用雕刀将花底部多余的原料去掉。

⑪金盏菊就雕刻完成了。

（五）月季花

图 2-19

月季花（见图 2-19）属蔷薇科、蔷薇属，俗称长春花、斗雪红、瘦客，因月月开花不绝，故人又称“月月红”。月季花有“花中皇后”之美称。中国是月季的原产地之一。

世界上月季花有 7 000 多个优良品种。月季花，花冠肥大，有单瓣和重瓣之别，花瓣数自单瓣种 5 片至重瓣种 80 余片。花蕾长而尖，开花时瓣角外翻。花心成倒鸡心形，单瓣一层，重瓣数层。花大者，直径可达 18 厘米，小的则只有 2 厘米。花有粉红、浅黄、橙黄、纯白等色。叶为羽状复叶，互生，小叶三出或七出不等，为奇数，呈卵圆形、椭圆形、倒卵形或阔披针形，叶缘具锯齿，叶面平滑质厚，有光泽，叶柄生有细狭之小托叶。

月季花雕刻实例一（见图 2-20，①~⑯）

①取心里美萝卜 1 个，将其修成上大下小的圆台形备用。

②用雕刀从大的一端下刀，从上削下，将原料边沿削出均匀的五个面。

③将每两个面之间的棱角削去。

④再将每个面的顶部修圆成花瓣形状。

⑤下刀从上至下、由薄到厚削出花瓣。

⑥然后在每两个花瓣之间下刀，由下向上提起，去掉一块原料，使其再次成为均匀的五个面。

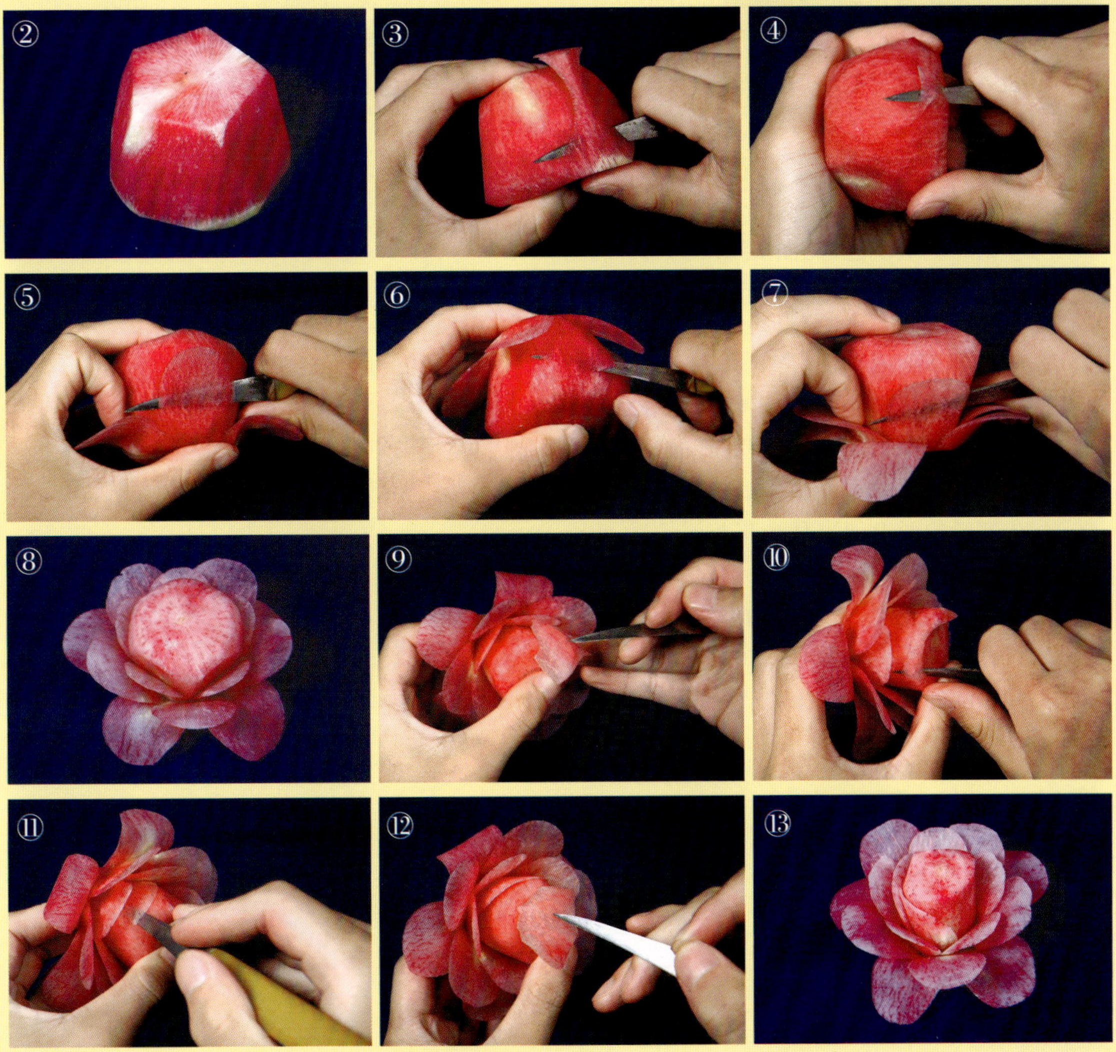

图 2-20

图 2-20

⑦按照外层花瓣的雕刻方法，将花瓣削出。

⑧用同样的方法雕刻出第三层花瓣。

⑨将三层花瓣中间的余料修成圆柱形。

⑩在每两个花瓣之间下刀，在柱面上走圆弧形刀，修出花瓣的圆弧形。

⑪雕刀从花瓣左边进刀，沿着削好的花瓣轮廓，旋转着向右运刀，直至将花瓣削出。

⑫在削好的花瓣 1/2 处下刀，按逆时针方向去掉一块料，并削出第二个花瓣的圆弧面。

⑬在第一个花瓣的中间起刀，削出第二个花瓣的瓣形，并将其削出。

⑭按照同样的方法，如此反复直至将花心全部做好。

⑮将雕好的花放入清水中略泡，捞起后沥尽水，用手稍做整理。

⑯月季花就雕刻成了。

月季花雕刻实例二（见图 2-21，①~⑬）

①取心里美萝卜 1 个，将其修成上大下小的圆台。

②从上至下运刀，在圆台的斜面上削出均匀的五个面，并使原料底部较小。

③在削好的每个面上，削出带尖的月季花花瓣。

④从上至下削出花瓣，并使削好的花瓣上薄下厚。

⑤第二层花瓣的去料是在第一层花瓣的两瓣之间下刀，并呈圆弧状运刀。

⑥在削好的面上削出月季花花瓣轮廓。

⑦用旋刀法雕刻出花瓣。

⑧在削好的花瓣 1/2 处，又按逆时针方向圆弧形运刀。

⑨削去一块废料。

⑩再在削好的这个面上制作出第二个花瓣。使第二个花瓣压住第一个花瓣。

图 2-21

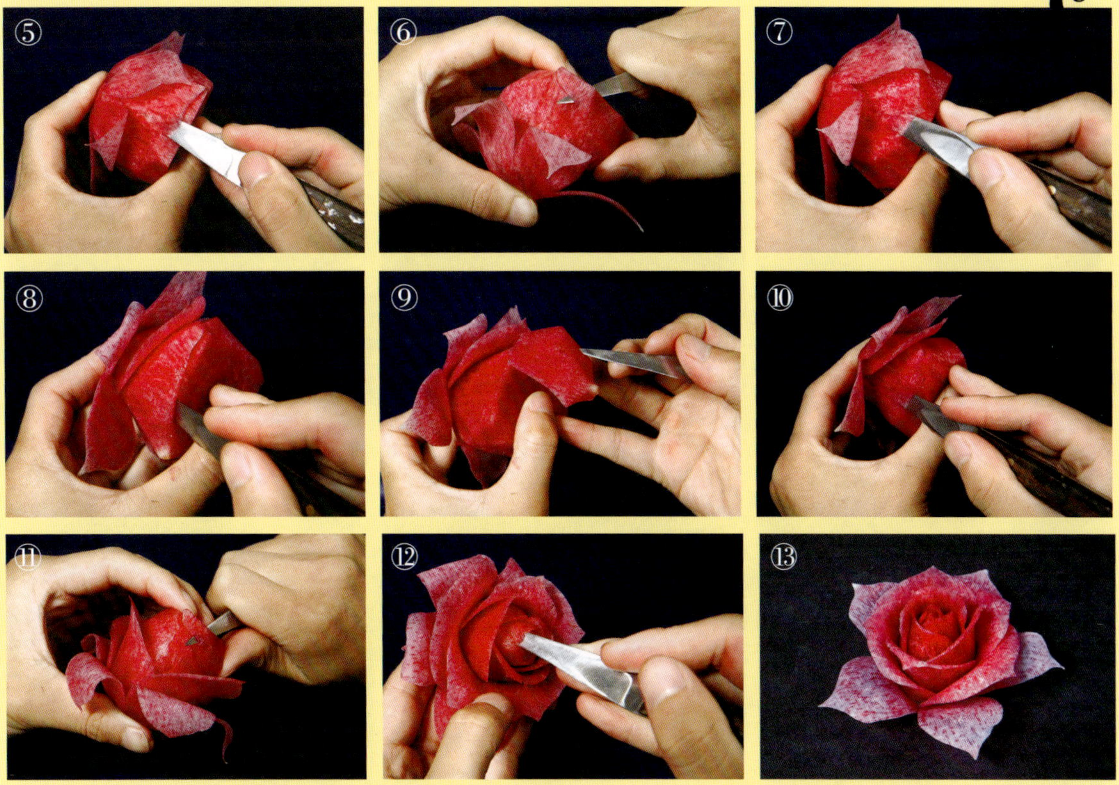

图 2-21

⑪按照同样的方法逐一雕出后面的各个花瓣，使其互相重叠。
⑫雕至花中心时，注意下刀角度不宜过大，以免伤到其他花瓣，直至雕完中心所有余料。
⑬这样月季花就雕刻好了。

(六)牡丹花

牡丹花(见图 2-22)又名鹿韭、木芍药、花王、洛阳王、富贵花。

牡丹叶互生，叶片通常为三回三出复叶，枝上部常为单叶，小叶片有披针，呈卵圆、椭圆等形状，顶生小叶常为 2~3 裂，叶上面深绿色或黄绿色，背面为灰绿色，光滑或有毛；总叶柄长 8~20 厘米，表面有凹槽；花单生于枝顶，有白、黄、粉、红、紫红、紫、墨紫(黑)、雪青(粉蓝)、绿、复色等，其中以黄为贵。其花冠大如碗，直径可达 20~30 厘米，有单瓣和重瓣之分，根据花朵形态的不同，可以分为：葵花型、荷花型、玫瑰花型、半球型、皇冠型、绣球型(传统上把皇冠型和绣球型称为起楼)6 种花型。牡丹花花瓣肥厚，花蕊甚多，雌蕊数枚，白须黄药。有的品种雄、雌蕊瓣化或退化，形成了多姿形美的花型。牡丹花花大色艳、雍容华贵、富丽端庄，素有“国色天香”、“花中之王”的美称，寓示着吉祥、圆满、浓情、富贵、繁荣、兴旺。

图 2-22

牡丹花雕刻实例一（见图 2–23，①~⑫）

图 2–23

①切取心里美萝卜 1 段，并将其修成顶部大底部小的圆台。

②用雕刀在原料斜边上均匀的削出 7 个面。

③在削好的每两个面之间的棱角上下刀，削出花瓣的边沿形。

④再在每个面的顶部下刀，将其削成波浪形状的花瓣。

⑤用雕刀将各个花瓣削出，注意下刀由上而下，上薄下厚。

⑥去掉每两个花瓣之间的余料，修出第二层花瓣的面。

⑦用同样的方法削出第二层的各个花瓣。

⑧共削 4~5 层花瓣。

⑨然后将中间的余料修圆，削出花瓣轮廓，由左至右圆弧形运刀，旋出中间的花瓣，并去掉一层余料。

⑩如此反复，将中间的花瓣全部旋出。

⑪最后将花放入清水中略泡，捞起用手稍做整理。

⑫牡丹花就制作完了。

牡丹花雕刻实例二(见图 2–24，①~⑧)

①取心里美萝卜 1 个，将其修成半圆球形。

②在原料顶部用雕刀削去一个圆锥形的料。

③再用雕刀沿着边缘开始旋转着不规则的削出第一个花瓣。

④在第一个花瓣的 1/2

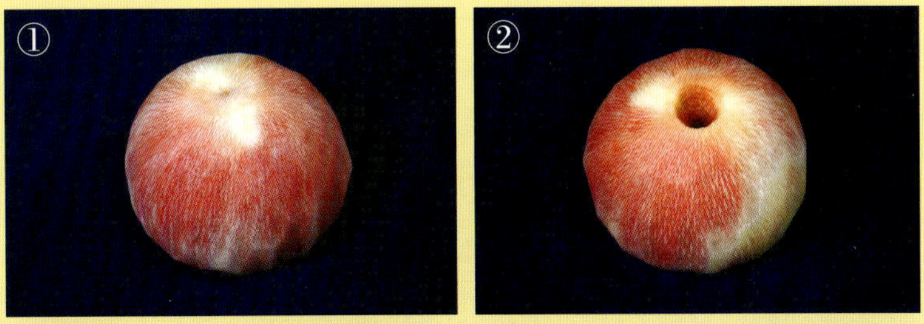

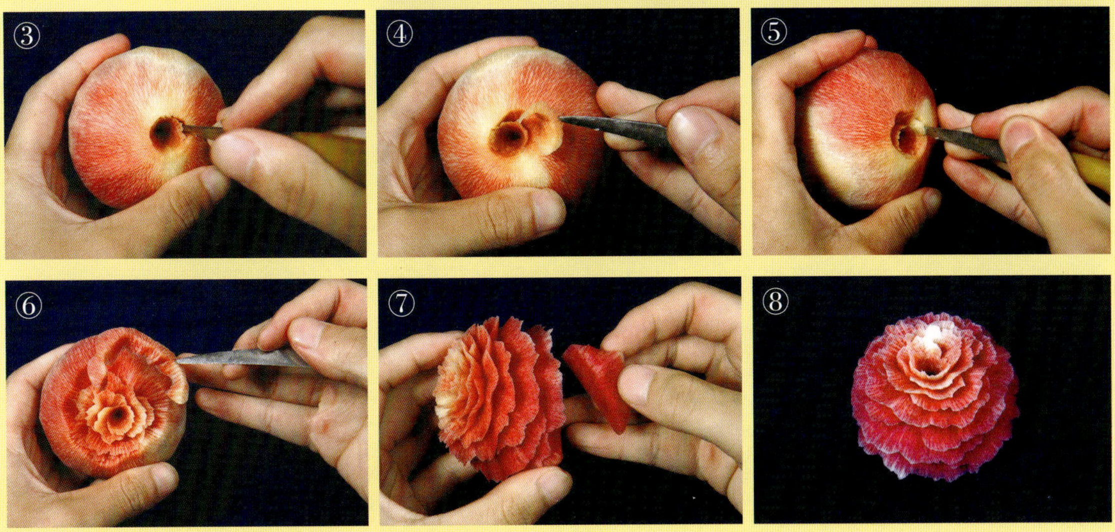

图 2–24

处按照顺时针方向去掉一块原料，使花瓣与下面的原料分开，并削出第二个花瓣的位置。

⑤在削好的这个面上削出第二个花瓣。

⑥用同样的方法依次向下削，直至将原料削完。

⑦去掉底部的余料。

⑧牡丹花就雕好了。

思考与练习

1.一朵花卉是由哪几部分构成？

2.花卉雕刻的要点是什么？

3.从花瓣、花蕊形态，对荷花、百合花、菊花、金盏菊、月季花、牡丹花进行比较。

4.分别说出荷花、百合花、菊花、月季花的雕刻过程。

5.根据花卉雕刻的方法，试着雕刻出两种以上书上没有的花卉。

第三讲 鱼类的雕刻

教学目标

1.了解鱼的基本结构。

2.掌握鲤鱼、神仙鱼的形态特征。

3.熟练掌握鱼类的雕刻方法。

鱼，是和平、幸福、美好、富有的象征。我国人民在过新春佳节时，都习惯养一些金鱼或在年画上画一个大胖小子怀抱一条大金鱼，取意“丁财两旺，年年有余”，“鱼”与“余”字谐音，象征着生活一年比一年好，吉庆有余；再如“金鱼满塘”与“金玉满堂”中的“鱼”字与“玉”字，“塘”字与“堂”字谐音，都是喜庆祝愿之词，表示富有。如养红虎头球金鱼(即寿星球)，即取延年益寿、吉祥如意的意思，表达一种良好的愿望。在传说中，还有鲤鱼跳龙门的故事。据传，江海鱼集龙门下，登者化龙，不登点额暴鳃。现在黄河的鲤鱼还多有头点红色的，据说是没有跳过龙门的缘故。现在人们用“鱼跃龙门”图案寓意变化飞腾步步高的追求。“鱼跃龙门”也叫“鱼龙变化”、“鲤鱼跳龙门”、“登龙门”等。此外，在中国传统图案中还有以鲤鱼、牡丹或鱼与“富贵有”三字组成的“富贵有余”图案寓意富贵；以鲶鱼、橘子或雄鸡组成的“年年大吉”图案，寓意四季平安，年年吉祥；以莲花和鱼组成的图案，喻“连年有余”；以戟、磬和鱼坠放在花瓶中组成图案，叫“吉庆有余”。

一、鱼类的基本结构

鱼的身体可分为头部、躯干部和尾部三部分(见图 3-1)。头部和躯干部以鳃盖骨的后缘为界，躯干部和尾部以肛门或泄殖孔为界。

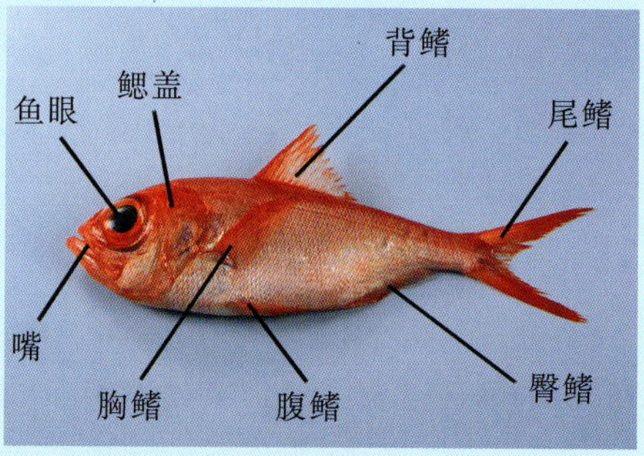

图 3-1

鱼的头部生长有唇、眼、鼻、鳃等器官，没有鳞片，一些鱼类在唇部还长有触须。鱼的唇较发达，生有味蕾，有感觉功能。须是触角器官，有一对吻须，非常富有美感。鱼的眼睛位于头部前方两侧，无眼睑，不能闭合，视觉一般较差，只能看见近处。鱼的鼻较小，不易察觉，位于头的前背方和眼的前方。鳃是鱼的呼吸器官。鳃的结构中有鳃裂和鳃。

鱼的躯干部长有皮肤，皮肤由表皮和真皮组成。表皮里面有黏液腺，散布于体表，起保护作用。大部分鱼的躯干部分长有鳞片，鳞片的表面有不同形式的年轮，从而可推断鱼的年龄。鳍是鱼的运动和维持身体平衡的主要器官。在躯干部分生长有背鳍、胸鳍、腹鳍，其形状、大小、色泽因鱼种类不同而不同。在躯干上还生长有侧线，这是皮肤的感觉器官，由侧线鳞上的小孔形成。

鱼的尾部是从肛门以后至尾鳍基部(即最后一个尾椎骨)。在尾部生长有臀鳍和尾鳍。

二、鱼类的雕刻实例

（一）鲤鱼

图 3-2

鲤鱼喜欢生活在平原上的暖和湖泊，或水流缓慢的河川里。鲤鱼的种类很多，约有2 900种。

鲤鱼被人们视为吉祥的神物，“鲤鱼跳龙门”的故事更是家喻户晓。后来人们便将科考得中，职位升迁皆称为“鲤鱼跃龙门”或“鱼登龙门”。

鲤鱼（见图 3-2）的形态特征：身体侧扁，背部呈黑色，腹部黄白色，鳞片较大，背鳍的根部长，没有腹鳍，通常嘴边有须。

鲤鱼雕刻实例一（见图 3-3，①~⑨）

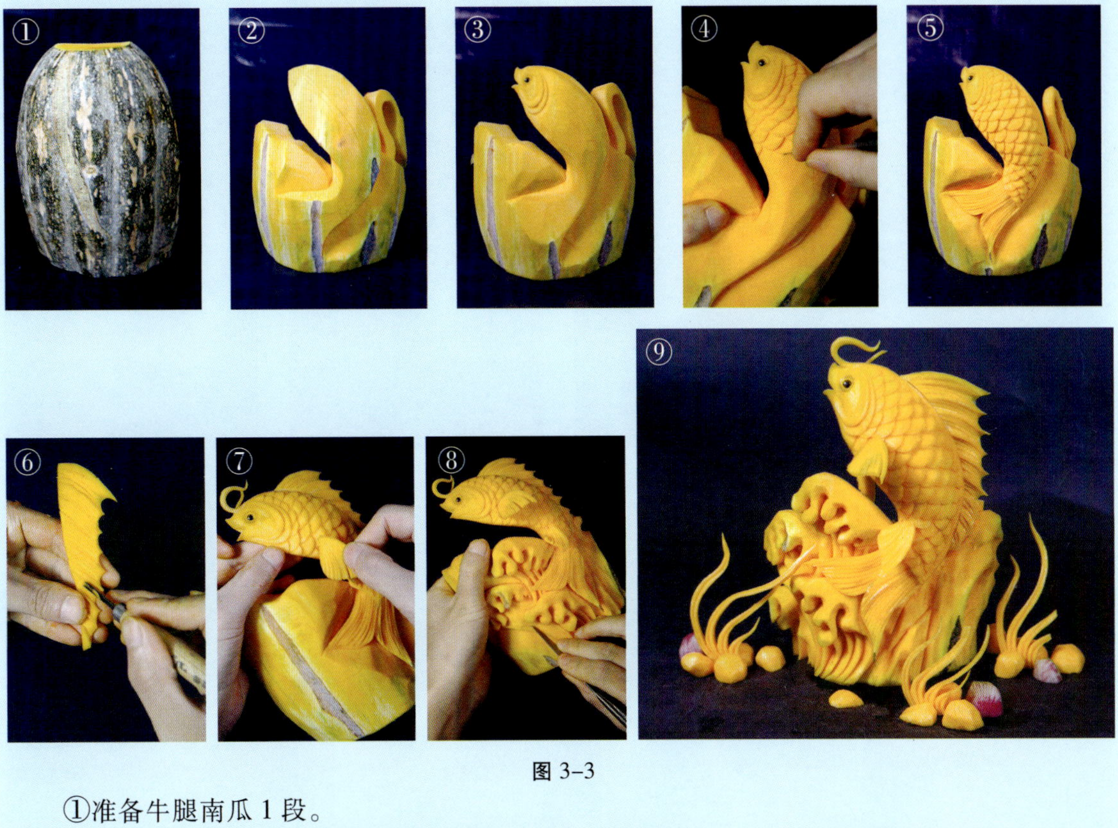

图 3-3

①准备牛腿南瓜 1 段。

②在原料上确定出鱼的整体轮廓，并去掉边沿多余废料。

③用圆口戳刀戳出鱼嘴，用雕刀雕出鱼鳃，再安上塑料眼睛。

④用雕刀雕刻出鱼鳞，注意鱼鳞雕刻时雕刀应垂直于原料表面雕出鳞片形状，鳞片与鳞片之间应相互交错。

⑤先将鱼尾修成形，再用小号 V 型戳刀在鱼尾上戳出鱼尾的纹路。

⑥另取南瓜 1 片，用雕刀雕出背鳍，并小号 V 型戳刀戳出纹路。

⑦按照鱼背鳍、胸鳍、胡须的形状将其雕好，并用 502 胶水将其粘在鱼身体上。

⑧将鱼周围的原料雕刻成浪花。

⑨最后另取原料雕刻一些水藻、卵石与鱼组合在一起即可。

鲤鱼雕刻实例二（见图 3-4，①-⑫）

图 3-4

①准备牛腿南瓜 1 根，削去粗皮备用。

②先在原料上确定出鲤鱼身体以及荷叶的位置。然后去掉边沿多余的废料，修出鲤鱼身体的基本形状。

③雕出荷叶的基本形状，并用圆口戳刀戳出鱼嘴。

④细刻出鱼的嘴和鳃，注意下嘴壳比上嘴壳略短。在鱼身体中线靠嘴角处安上塑料的鱼眼。

⑤雕刻出鱼鳞。

⑥另取一块原料修成鱼尾状，并将其修薄。

⑦将鱼尾粘于鱼身的末端，用小号木刻 V 形戳刀戳出鱼尾的纹路。

⑧将荷叶的茎雕刻出来增加荷叶的真实感。

⑨在荷叶的下面雕刻出波浪。

⑩另取一片原料制作出背鳍，并用小号木刻 V 形戳刀戳出背鳍纹路。

⑪将鲤鱼所需要的配件背鳍、须、胸鳍、腹鳍全部雕出，并粘于身体上。

⑫这样鲤鱼就雕刻好了。

(二)神仙鱼

图 3-5

神仙鱼(见图 3-5)是热带观赏鱼类。神仙鱼不但体形优美动人，而且游姿幽雅，色彩协调，给人们以庄严又温文尔雅的感觉。当它在水族箱内翩翩舞动时，如同仙女群舞，令人迷恋。所以它一向被认为是热带之王和热带鱼的代表。

神仙鱼体长 12~18 厘米，体侧扁呈菱形，宛如在水中飞翔的燕子，故又被称为“燕鱼”。背鳍、臀鳍均较大，位置几乎相对，中部鳍条均很长，游动展开时，挺拔如帆。腹鳍很长，似仙女的彩衣飘带；尾鳍长，后缘近平形，上、下缘鳍条呈丝状延长。身体银白色，背部棕色至金色，体侧有 4 条黑色横带。

神仙鱼有很多种，根据尾鳍的长短，分为短尾、中长尾、长尾三大品系；根据鱼体的斑纹、色彩变化又分为：白神仙鱼、黑神仙鱼、灰神仙鱼、云石神仙鱼、半黑神仙鱼、鸳鸯神仙鱼、三色神仙鱼、金头神仙鱼、玻璃神仙鱼、钻石神仙鱼、熊猫神仙鱼、红眼神仙鱼等。

神仙鱼雕刻实例一(见图 3-6，①~⑧)

①取牛腿南瓜 1根，切约 2~3 厘米厚的片一片。

②在切面上戳出神仙鱼的基本结构线。

③去掉边沿多余的废料，使其成

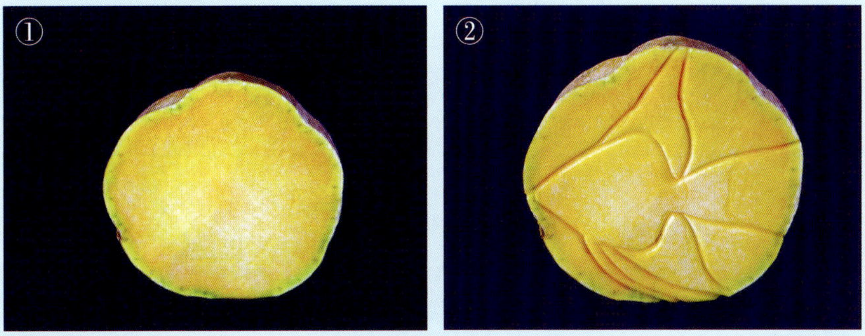

图 3-6

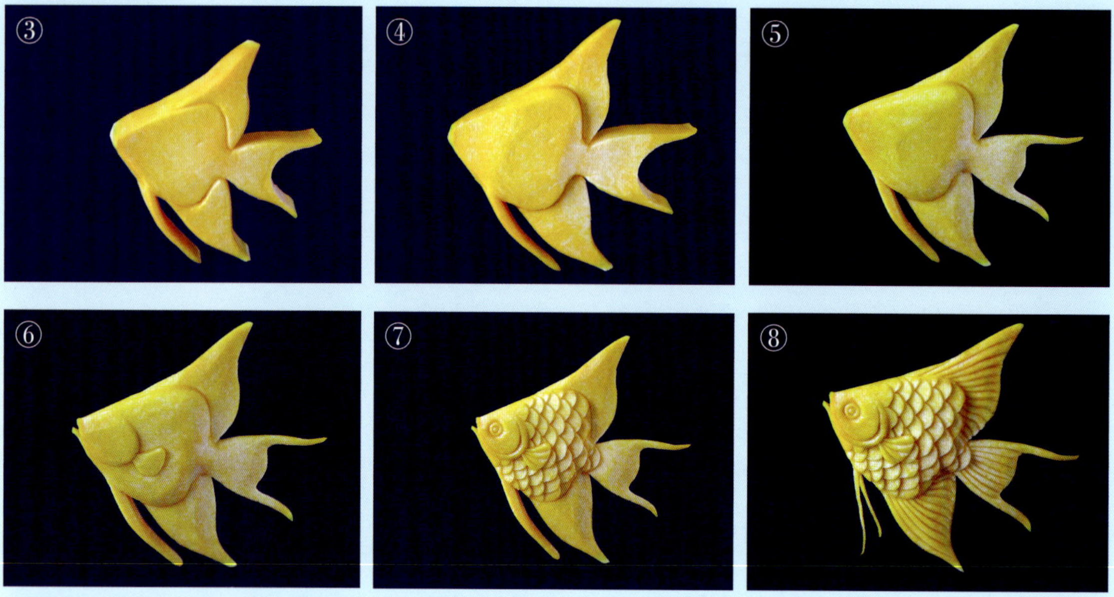

图 3-6

一厚片状。

④将背鳍、臀鳍、尾鳍削薄，并将鱼头削成尖形。

⑤打掉鱼身体部分的棱角。

⑥削出鱼嘴、鱼鳍及胸鳍。

⑦用尖口戳刀戳出鱼眼，然后用雕刀刻出胸鳍及鱼鳞。

⑧最后用尖口戳刀戳出背鳍、臀鳍、尾鳍的纹路，并将腹鳍削成两根丝状即可。

神仙鱼雕刻实例二(图 3-7，①-⑨)

①准备牛腿南瓜一段，去皮待用。

②用雕刀在原料上雕刻出神仙鱼的基本轮廓，并去掉边沿废料。

③用 U 型戳刀在神仙鱼身体与鱼鳍的交界处戳一圈，使鱼鳍、鱼尾与躯干区分开。

④用雕刀将神仙鱼身体修成梭子形，并把鱼鳍、鱼尾削薄。

⑤用雕刀雕出鱼嘴、鱼鳃，并安上塑料眼睛。

⑥再在鱼身体上雕刻出鱼鳞。

⑦用小型 V 型戳刀在鱼鳍、鱼尾上戳出纹路。

图 3-7

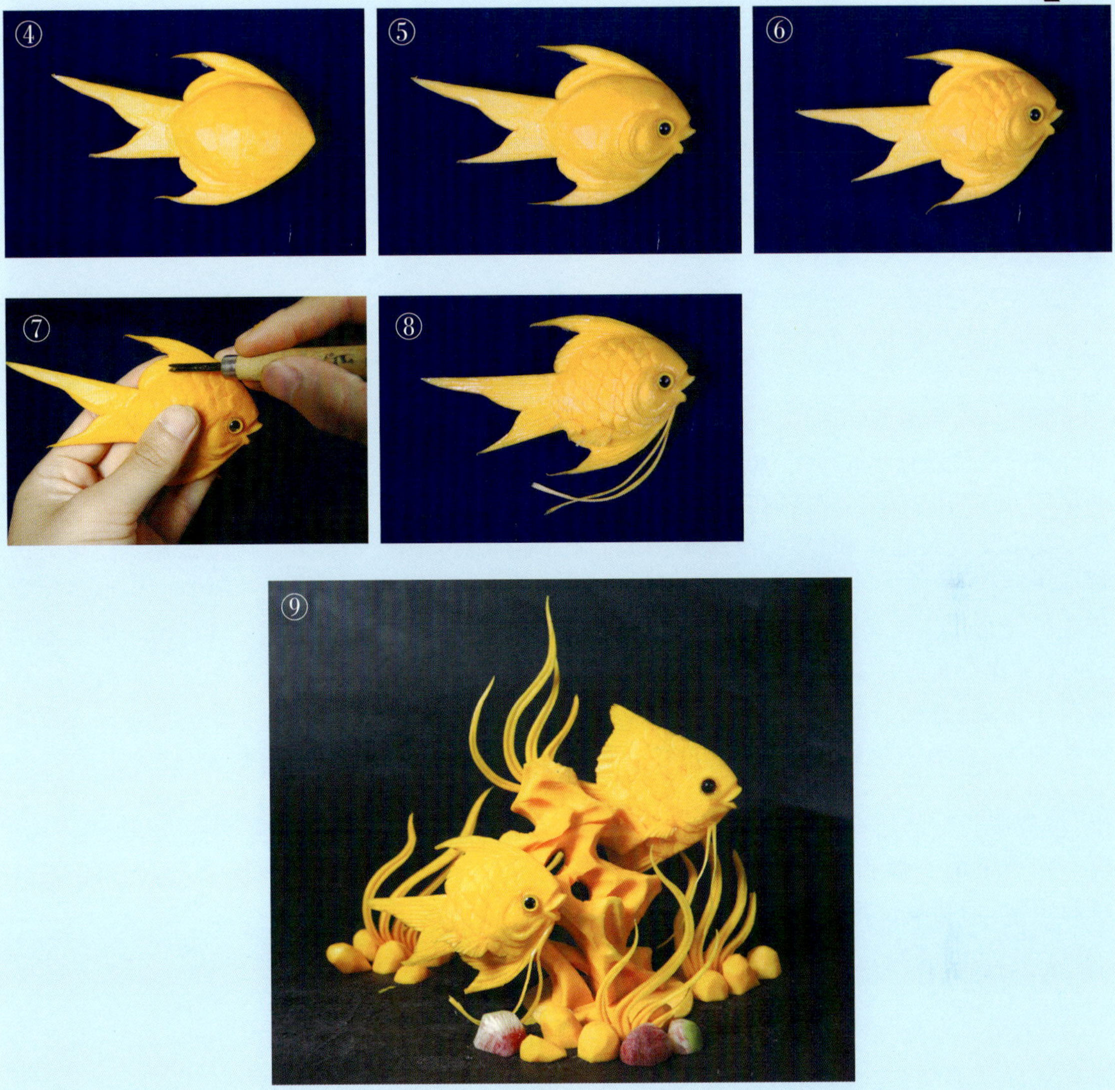

图 3-7

⑧另取原料雕刻出鱼胸鳍、腹鳍,用 502 胶水将其粘在鱼身体上。

⑨另外用一块原料雕成假山和水藻、卵石,将鱼粘于其上即可。

思考与练习

1.鱼的基本结构有哪些? 分别对其进行简要说明。

2.试述鲤鱼、神仙鱼的形态特征。

3.简述鲤鱼的雕刻过程。

4.试雕鲤鱼及神仙鱼。

第四讲 鸟类的雕刻

教学目标

1.了解鸟类的基本特征。
2.掌握鸟类头部、翅膀、脚爪、尾巴的形态特点及雕刻方法。
3.熟练掌握常用鸟类的雕刻方法及制作过程。
4.能根据所学鸟类的雕刻方法，自行设计鸟类进行雕刻。

早在新石器时代晚期，人们就把一些鸟作为本族、本部落的“图腾”来崇拜。很多国家也选择自己国内珍稀或特产的鸟作为国家的象征。比如美国的白头海雕，日本的雉鸡(绿雉)，澳大利亚的琴鸟，荷兰的白琵鹭，英国的欧亚鸲(红胸鸲)等。

我国历代封建王朝，皆把皇帝喻为龙，皇后喻为凤。凤虽不存在，但它却集多种鸟美的特征于一体，它有鸡头、鹦鹉嘴、锦鸡冠、大鹏翅膀、鸳鸯身、仙鹤腿、孔雀尾等。在中华民族传统的民俗中还常把鸟与其他的事或物联系起来，组成吉祥图案、纹样。如：龙与凤组成的“龙凤呈祥”，寓意祥瑞太平、五谷丰登；白鹭与芙蓉花组成“一路(鹭)荣华”，比喻到哪里都有荣华富贵；喜鹊与其他事物组成的“喜报春先”、“喜鹊登梅”、“双喜临门”等，寓意人逢喜事精神爽，喜形于色好事多；由绶带鸟、天竹、水仙等及蜡梅组成的图案，祝愿人们长寿健康；祝健康长寿的还有“长春百头(百头鸟)”、“松鹤(仙鹤)延年”、“鹤鹿同春”、“龟鹤齐龄”等。把鸽子视为和平的象征；鸳鸯象征爱情的忠贞；白头翁比作夫妻百头偕老；天鹅代表善良和纯洁；仙鹤喻意延年益寿；老鹰象征奋发图强，大展鸿图。

一、鸟类的基本结构

身体左右对称，形体纺锤状，长有翅膀和坚硬有力的喙，但喙内没有牙齿(始祖鸟除外)；体表被有羽毛；大多能在空中飞行。它们的腿和脚上长有鳞片，脚上一般有3~4趾，趾端有爪。大多鸟类都能够快速、持久有力地飞行较远的距离。

各种鸟类的外部形态是各不相同的，不同鸟类的识别，从鸟类的外形开始。鸟是脊椎动物，它的外部形态一般分为头部、躯干、翅膀、腿爪和尾部五部分(见图4-1)，其中头部包括颈部。

图 4-1

(一)头部

鸟头部各部分的名称(见图4-2)头上部从前至后依次为额、头顶和枕三个部位；头的侧面分别为眼先和颊两个部位；头下部分为颏和喉两个部位。头部生有嘴、鼻、眼、耳、舌。图4-3为常用鸟的头形图。

嘴分上嘴和下嘴，由角质化的表皮组成，着生在头

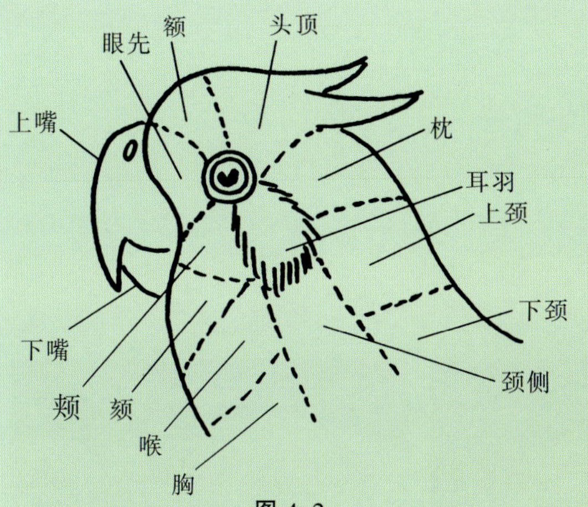

图 4-2

部的额和颏两个部位之间。鸟类的上嘴基部覆盖着蜡膜，其中鸽形目鸟类的上嘴基部由软皮膨胀而成球状，有的鸟类上嘴比下嘴略长。嘴的形状有窄尖、长尖、扁圆、扁直、短阔、短细、钩状、锥形、楔形等多种。嘴的质地坚硬，是觅食、筑巢、梳羽、哺育雏鸟、自卫反击的主要器官。鸟类嘴的形状，主要与鸟的生活习惯、捕食对象、生活环境有关。如蜂鸟的嘴细且长，啄木鸟的嘴直而尖，尖端呈凿状。

鸟嘴根据食性可分为以下几类。软硬食物都吃的喙，如：鹦鹉的喙尖呈钩状，其喙的基部坚

图 4-3

硬有力。滤水取食的喙，如：红鹳的喙，其上喙边缘呈筛状。

食虫鸟的喙，如：燕子的喙又细又长。食飞虫的鸟喙又宽又大。食鱼鸟的喙，如：鹭，其外形像一把短剑，鸬鹚等其他食鱼鸟的喙呈钩状。吃种子鸟的喙，如：草雀，其喙呈圆锥形。锡嘴雀的喙异常坚硬。食肉鸟的喙，如：鹰、雕、铦和隼。

鸟鼻位于上嘴基部的两侧，为两个孔，有圆形、椭圆形、沟形等形状。

有眼1对，长在头部两则、嘴角的斜上方。

有耳1对，位于眼的后下方，耳孔通常被羽毛遮盖不外露。

颈是连接头部和躯干的纽带，上方分上颈和下颈两个部位，下方称喉和前颈，颈短的只有喉部，颈长的喉下才有明显的前颈，可以自由转动，有的鸟能把颈项向左或向右转动180度，把嘴朝向背上。颈的长短，因鸟而异，往往是鸟的脚长颈也长，脚短颈也短，脚与颈成正比。最短的只有几厘米，长的可达20~50厘米。

1.喜鹊头的雕刻实例(见图4-4,①~⑱)

①准备南瓜1段。

②首先将原料切成三角形,并将原料顶部削成圆弧状。

③将鸟额头与鸟嘴的位置分开。

④斜刀修出鸟上嘴的轮廓。

⑤沿着修鸟嘴的下刀线,雕刻出鸟的上嘴壳。

⑥将上嘴壳下的原料去掉一块。

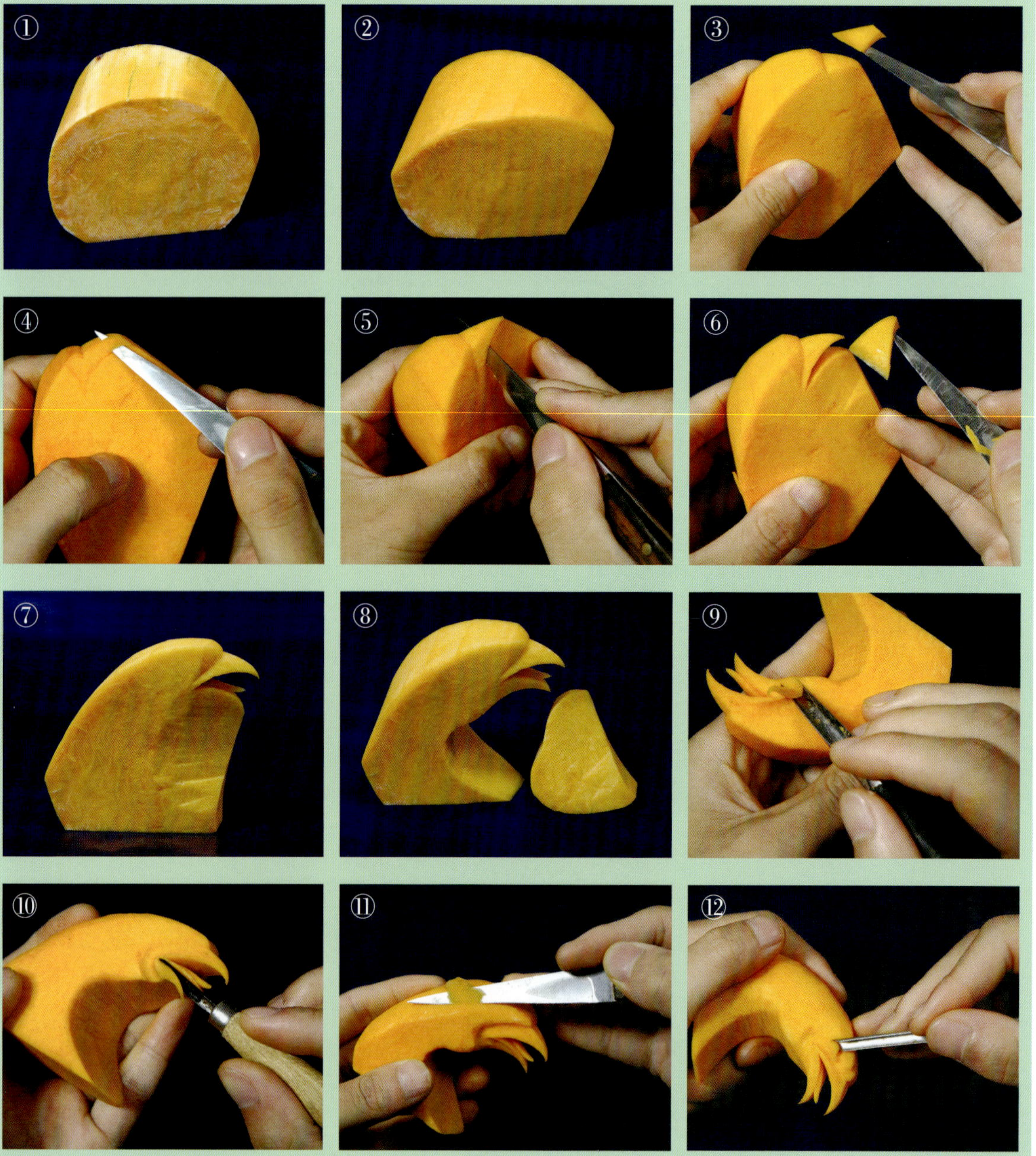

图 4-4

⑦雕刻出嘴内的舌头。

⑧将下嘴壳以及头、脖子雕刻出来，去掉多余的原料。注意下嘴壳应比上嘴壳短。

⑨用小号圆口戳刀沿着鸟上嘴壳的基部戳出鸟的嘴角。

⑩又用小号圆口戳刀从下嘴壳向上戳，并使刚才一刀与这一刀相交，成嘴角线。

⑪打掉头顶部的棱角。

⑫在嘴角 1/3 处，用圆口戳刀戳出鸟眼睛的位置。

⑬用圆口戳刀戳出耳羽及前颈部分羽毛的结构线。

⑭削掉脖子上多余的废料，并雕刻出眼睛及眼睑。

⑮装上塑料眼睛。

⑯雕刻出鼻孔。

⑰用画线刀拉出绒羽。

⑱最后雕刻出鸟的羽毛即可。

图 4-4

2.公鸡头的雕刻实例(见图4-5，①~⑪)

①准备牛腿南瓜 1 段。

②首先将原料切成三角形，并雕刻出额头及嘴的位置，顺式削出头顶及后颈的线条。

③将公鸡嘴及舌头雕刻出来。

④用圆口戳刀戳出公鸡嘴角的结构线，并确定出鸡坠的位置

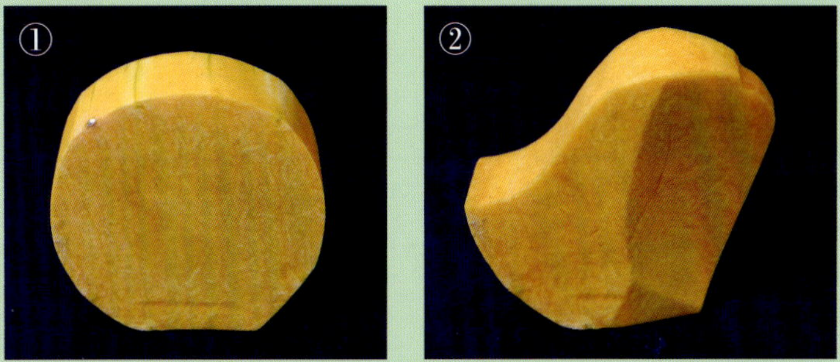

图 4-5

及大小、形状。

⑤用圆口戳刀戳出公鸡眼睛的位置，并安上塑料眼睛。

⑥细刻出公鸡坠上的褶皱。

⑦雕刻出脖子上的羽毛。

⑧另外取一片南瓜，去掉边沿废料，雕刻出鸡冠的基本形状。

⑨打掉鸡冠的棱角，并削出鸡冠厚薄的变化，用牙签扎上小孔。

⑩将鸡冠与头粘接起来。

⑪公鸡头就雕刻完成了。

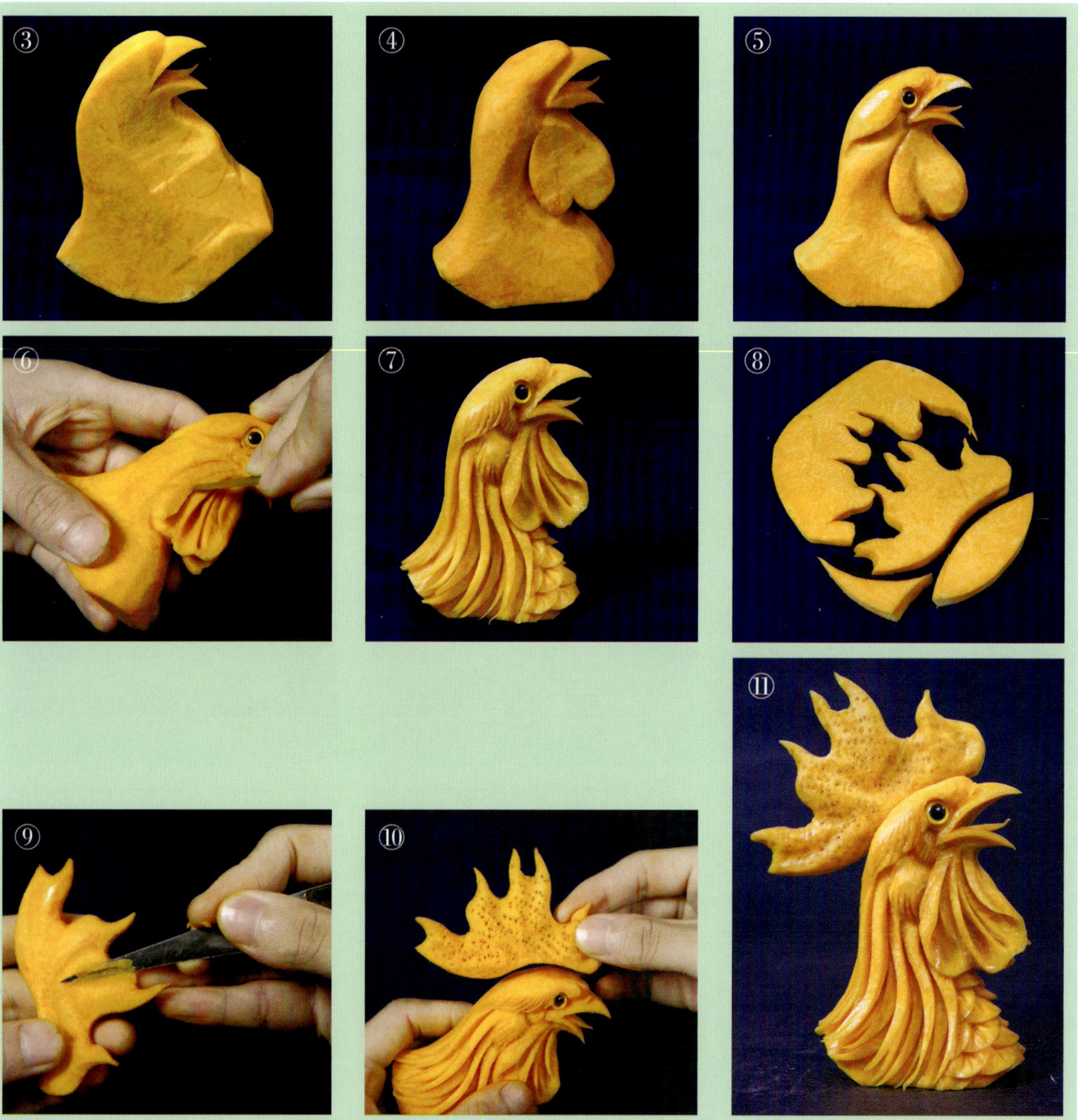

图 4-5

3.鹦鹉头雕刻实例(见图 4-6,①~⑩)

①准备南瓜 1 段。

②雕出鹦鹉额头及嘴的位置。

③刻出鹦鹉的嘴及舌头。

④用圆口戳刀戳出脸部及羽毛的结构。

⑤削掉羽毛结构外不要的废料,修圆,并雕出眉毛及眼眶。

⑥雕刻出鹦鹉脸部的绒羽。

⑦刻出脖子上的羽毛。

⑧另外取一块原料雕刻出冠,并用画线刀拉出绒羽。

⑨将冠用 502 胶粘于头顶。

⑩鹦鹉头就雕刻好了。

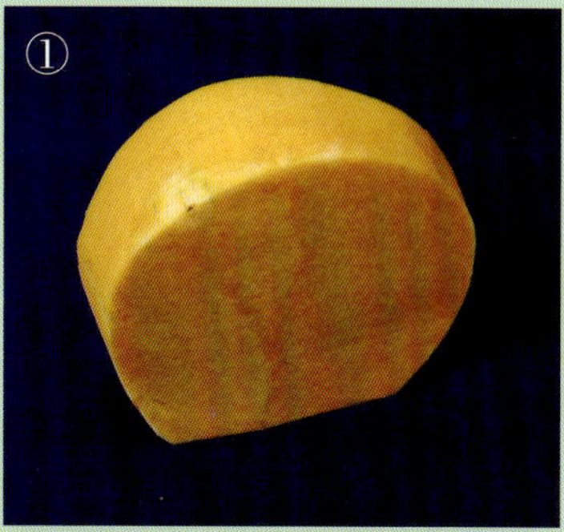

图 4-6

4.鹰头的雕刻实例(见图 4-7,①~⑨)

①切取牛腿南瓜 1 段。

②确定出额头与嘴的位置,并雕刻出鹰头的大体形状。

③先用雕刀将鹰的上嘴壳雕出,然后用圆口戳刀戳出鹰嘴与头部连接的结构线。

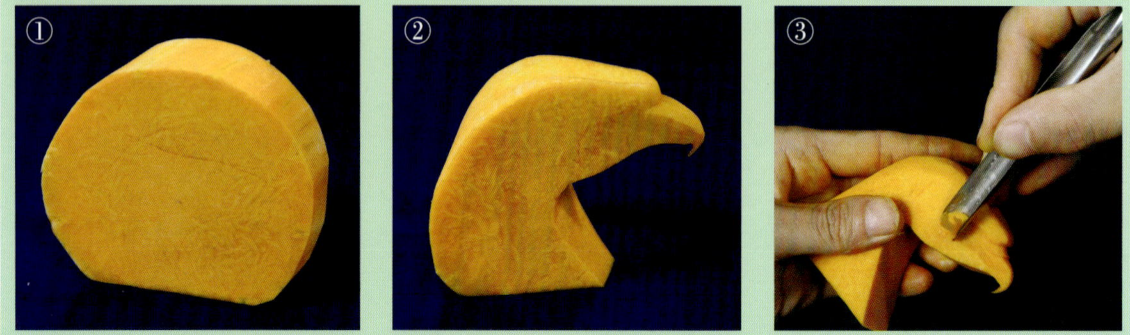

④用雕刀将鹰的上嘴壳与下嘴壳分出。

⑤用圆口戳刀戳出鹰头各部分的结构线。

⑥雕刻出眼睛位置,并安上塑料眼睛。

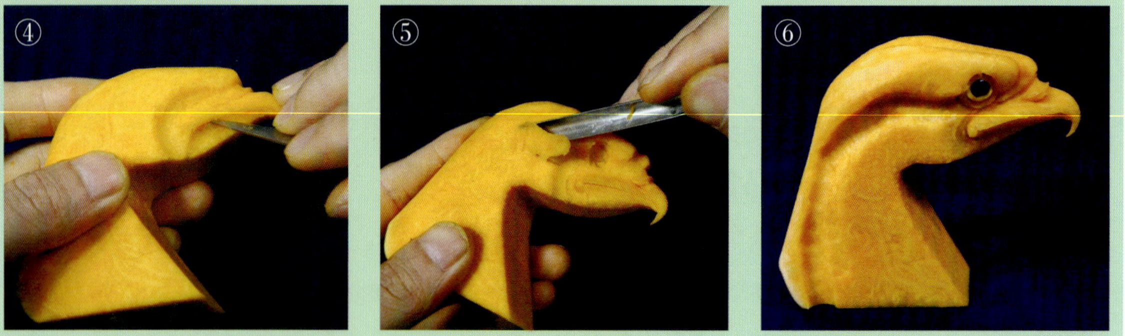

⑦雕刻出绒羽及脸部的羽毛。

⑧用雕刀雕刻出头顶及脖子上的羽毛。

⑨鹰头就雕好了。

图 4-7

5.凤凰头雕刻实例(见图 4-8,①~⑧)

①准备牛腿南瓜一段。

②先雕刻出 S 形的凤凰头及脖子的大体形状。

③雕刻出凤凰的嘴。

④打掉头顶及脖子上的棱角。

⑤雕刻出凤眼及凤凰脸上的纹饰。

⑥雕刻出凤冠及凤坠。

⑦将凤冠、凤坠用 502 胶水粘在头部。

⑧凤凰头就雕刻好了。

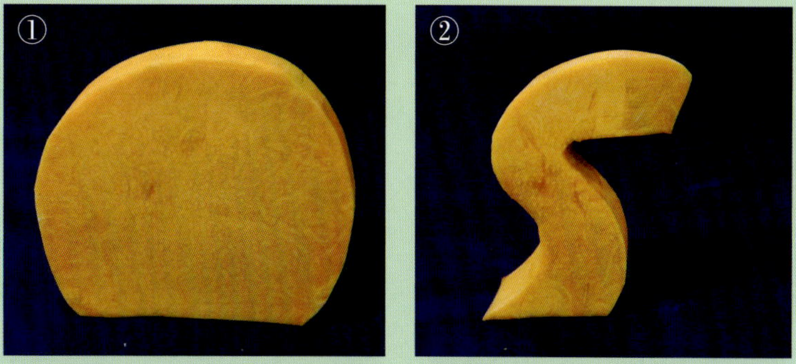

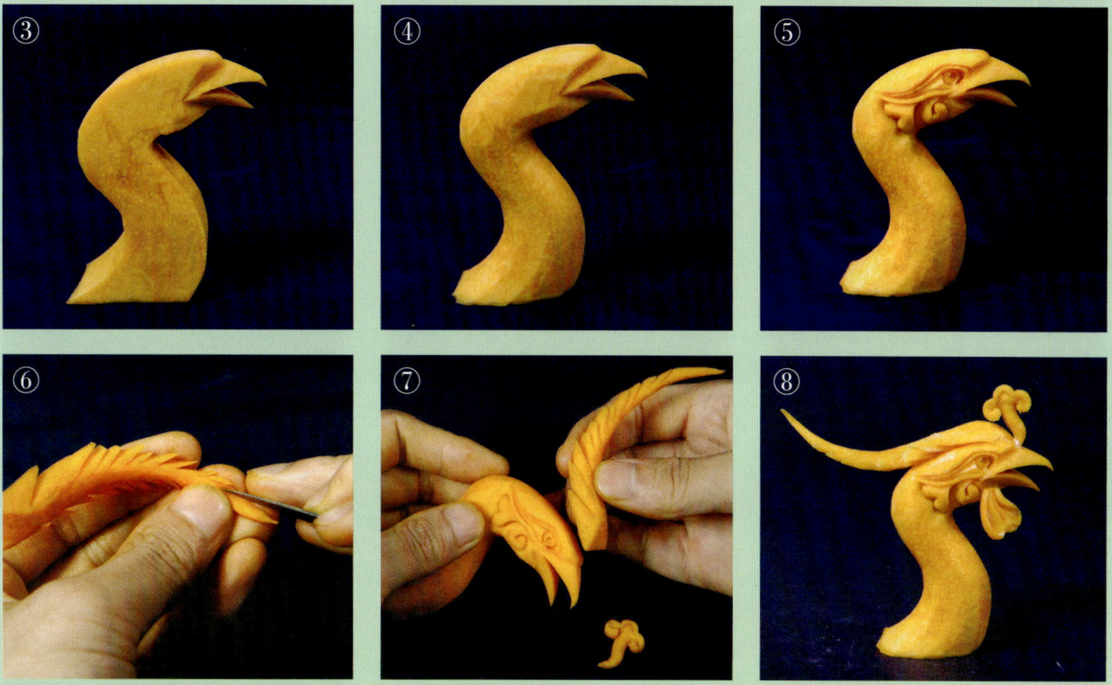

图 4–8

6.孔雀头的雕刻(图见 4–9，①~⑫)

①切三角形的南瓜 1 块。

②雕出额头与嘴的位置及形状。

③细刻出嘴壳及舌头，并将脖子削成 S 形。

④雕刻出孔雀头部的基本结构线。

⑤削掉头部及脖子的棱角。

⑥用圆口戳刀戳出眼睛的位置。

⑦装上塑料眼睛。

⑧用画线刀将头顶及脸部的绒羽拉出。

⑨雕刻出脖子上的羽毛。

⑩另取一块原料，用雕刀刻成冠羽。

⑪将做好的冠羽粘在头顶。

⑫孔雀头就雕刻好了。

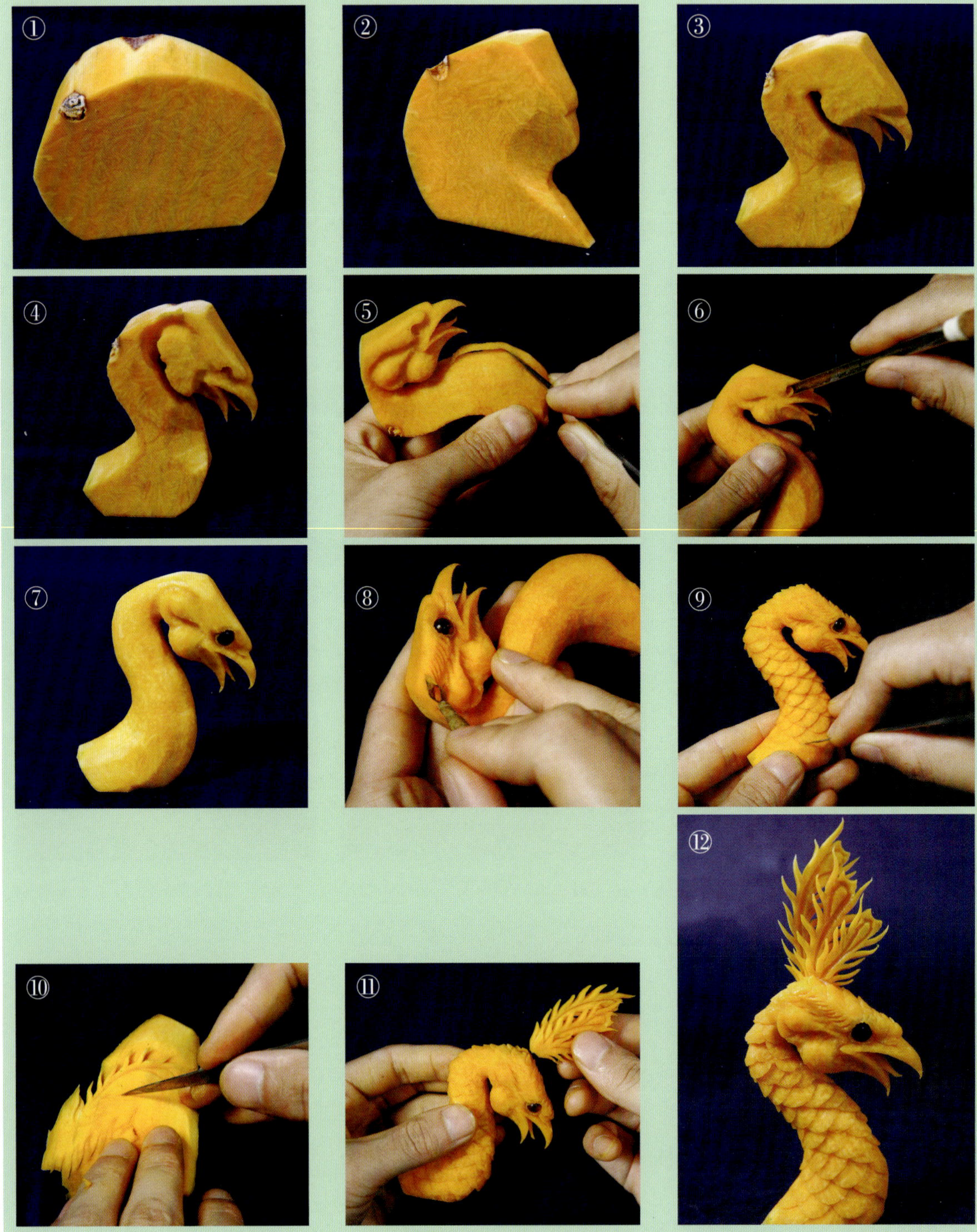

图 4-9

(二)躯干

躯干是鸟体最大的一部分,前连颈项,后接尾基,是包藏心、肺、肝、胆、肠胃和生殖器官等内脏的地方。躯干上方通称上体,分为背、腰两个部位,两翅的基部称肩,两肩之间称肩间部;躯干下方通称下体,分为胸、腹两部位,泄殖孔周围则称肛周。躯干两侧叫做胁(体侧),在左边的叫左胁,右边叫右胁。鸟的尾部退化,只剩有尾基,平时所见鸟的长尾巴,其实是羽毛,并非肉质尾巴(见图 4-10)。

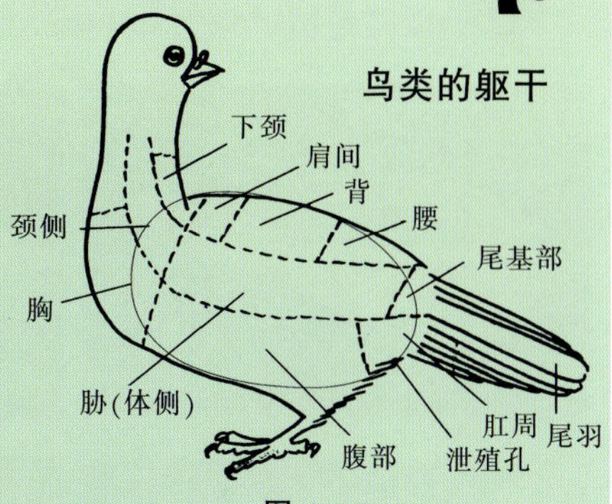

图 4-10

鸟的身躯似蛋形,背微弓,胸骨中有龙骨突起,是鼓动翅膀的胸肌附着处,善飞的鸟龙骨很发达,反之则小。游禽的龙骨突起比其他鸟类要长。身躯羽毛一般较短小。

(三)翅膀

鸟的翅膀是由 1 对前肢变化而成,着生在躯干上方肩部两侧,它和羽毛一起构成鸟类特有的飞行器官。两翅距离,约为躯干圆周的 2/6。两翅收拢时,约占躯体 3/5,两翅间由肩羽覆盖。翅不分部位,但着生在翅上的羽毛要分羽别,有小复羽、中复羽、大复羽、初级复羽、初级飞羽、次级飞羽(见图 4-11)。鸟种类的不同,其翅膀的大小、宽窄、长短均有所不同,在观察时要注意加以区别(见图 4-12)。

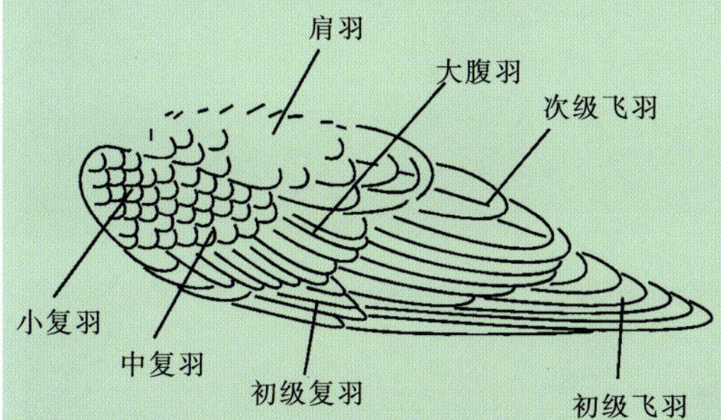

图 4-11

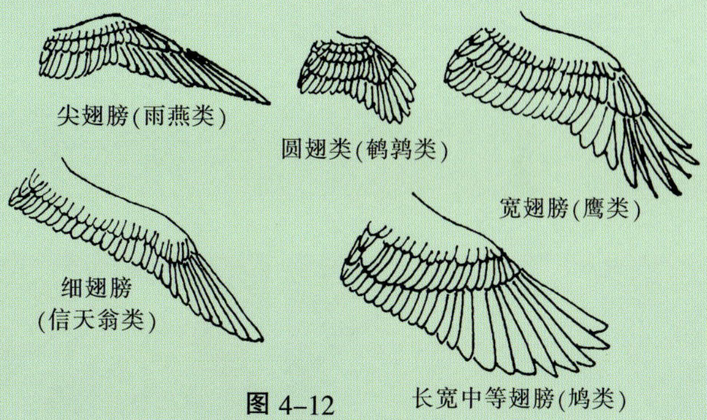

图 4-12

1.收拢翅膀雕刻实例(见图 4-13,①~⑦)

①切取南瓜 1 段,按照鸟收拢翅膀的形态将其修成型。

②在原料上分出翅膀上不同羽毛的分布结构。

③雕刻出小复羽,并将小复羽外的余料削平。

④雕刻出每片互相重叠的中复羽及初级复羽。

⑤按照同样的方法雕刻出次级飞羽、初级飞羽,并去掉底部的原料,将翅膀修薄。

⑥用画线刀在羽毛上拉出羽翎。

图 4-13

⑦收拢的翅膀就雕刻好了。

图 4-13

2.半开翅膀雕刻实例(见图 4-14,①~⑩)

①取南瓜 1 块削去外皮待用。

②在原料表面勾画出半开翅膀的外形。

③用雕刀雕刻出小复羽。

④待小复羽和中复羽雕刻好后,将余下的原料削平。

⑤用圆口戳刀戳出大复羽,并使羽毛互相重叠。

⑥将每片大复羽上的原料去掉一部分,使每片羽毛分开。

⑦将大复羽下的余料削平,又用同样的方法戳出次级飞羽及初级飞羽。

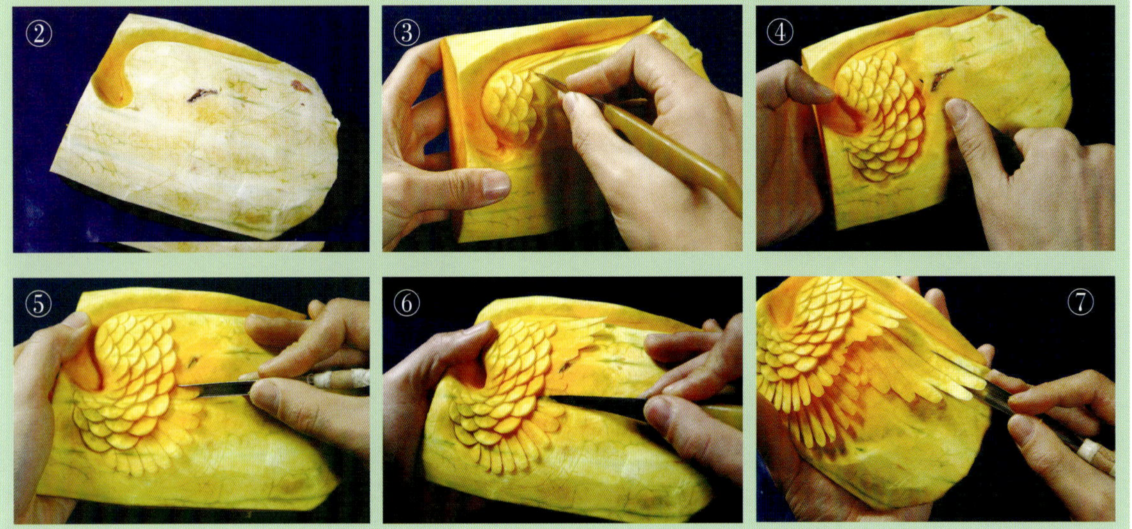

图 4-14

⑧用划线刀拉出每片羽毛上的饰纹及羽轴。

⑨将翅膀下面的余料去掉。

图 4-14

⑩完成半开翅膀的制作。

3.全开翅膀雕刻实例(见图 4-15,①~⑧)

①准备南瓜 1 块。

②刻划出翅膀的大型,并雕出翅膀上部轮廓线。

③用雕刀雕出小复羽及中复羽,将余下的原料削平。

④用圆口戳刀戳出互相重叠的大复羽。

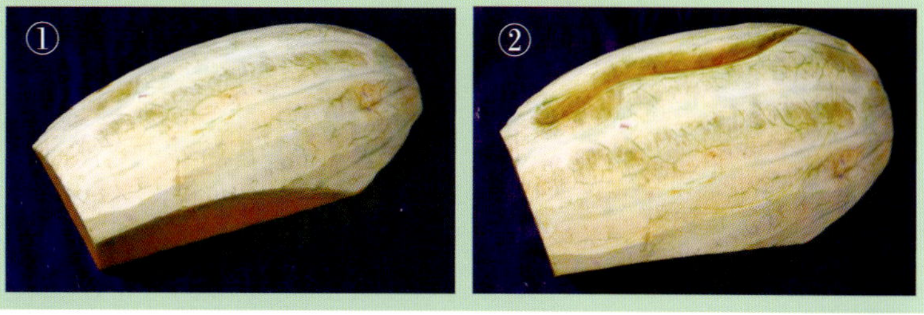

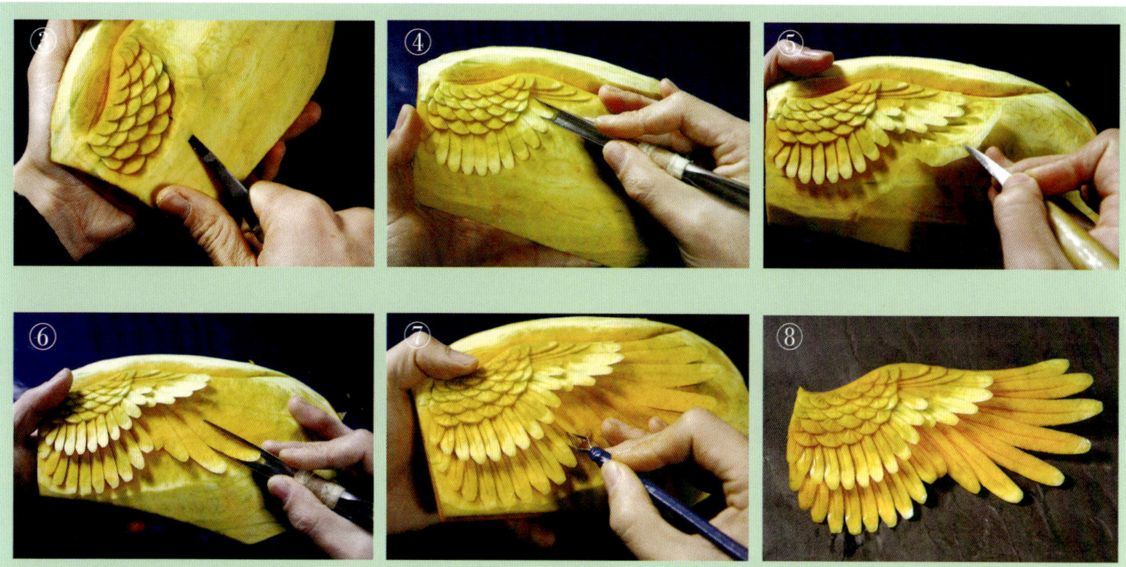

图 4-15

⑤去掉大复羽下面一层余料,使羽毛突显出来。

⑥再用戳大复羽的方法戳出次级飞羽和初级飞羽。

⑦用划线刀拉出羽毛上的羽轴及纹饰。

⑧去掉翅膀下的余料即成。

（四）腿爪

鸟的腿爪也就是后肢，着生在腹部，它的部位名称，由上而下依次称为股（大腿）、胫（小腿）、跗蹠和趾。股通常被羽毛覆盖隐而不露，常见到的是胫和跗蹠，即一般所指的小腿和鸟脚。鸟的跗蹠实际是鸟脚中间的一段，大都通直无痕，仅鸡形目雄鸟的跗蹠后下方生有角质的趾状物，称为距（鸡型目的雄鸟在跗蹠后面生有角质突起，叫做距，年老时距越大。跗霑表面有不同的花纹，像瓦片的叫盾状鳞，像小鱼鳞的叫网状鳞，无花纹的叫靴状鳞）。

大多数鸟类脚有 4 趾，一般前 3 后 1（见图 4–16）。向后的趾骨 1 枚，称大趾，也称后趾。前 3 趾中，内侧的足趾趾骨 2 枚，称内趾或第二趾。居中足趾趾骨 3 枚，称中趾或第三趾。外侧足趾趾骨 4 枚，称外趾或第四趾。4 趾的鸟类，根据趾的摆布方式，还可分为离趾型、对趾型、并趾型、前趾型和异趾型。1 趾、2 趾、3 趾向前，第 4 趾向后，各趾完全分开的为离趾型，如鸡形目、隼形目，雀形目鸟类的趾都属这一趾型；第 2、3 两趾向前，第 1、4 两趾向后的为对趾足，如杜鹃、啄木鸟、鹦鹉等鸟类的趾即为对趾型；1 趾、2 趾、3 趾向前，第 4 趾向后，前 3 趾各趾间基部有些合并的为并趾型，如夜鹰、翠鸟等；4 趾均向前方的为前趾型，如雨燕等；第 1、2 两趾向后，第 3、4 趾向前的为异趾型，如红头咬鹃的趾即为异趾型。鸟趾根据趾间有无蹼膜，还可分为无蹼脚、蹼脚、半蹼脚、全蹼脚、凹蹼脚和瓣蹼脚 6 种脚型。趾间完全无蹼膜的为无蹼脚，如鸡形目、鸽形目、雀形目等多数鸟类都属这种脚型。前 3 趾间完全由蹼膜相连的为蹼脚，如雁形目中的各种雁、鸭、天鹅等即为蹼脚；前 3 趾基部有蹼膜相连的为半蹼脚，如鹭、鹳等。4 趾的趾间都有蹼膜相连的为全蹼脚，如鸬鹚等。前 3 趾大部分有蹼膜相连，而且趾间蹼膜明显向内凹的为凹蹼脚，如燕鸥、银鸥等。四趾都有较宽的瓣状蹼的为瓣蹼脚，如各种鸊鷉。鸟类也有 3 趾的，如黄脚 3 趾鹑、小鸨等鸟类就只有 3 趾。

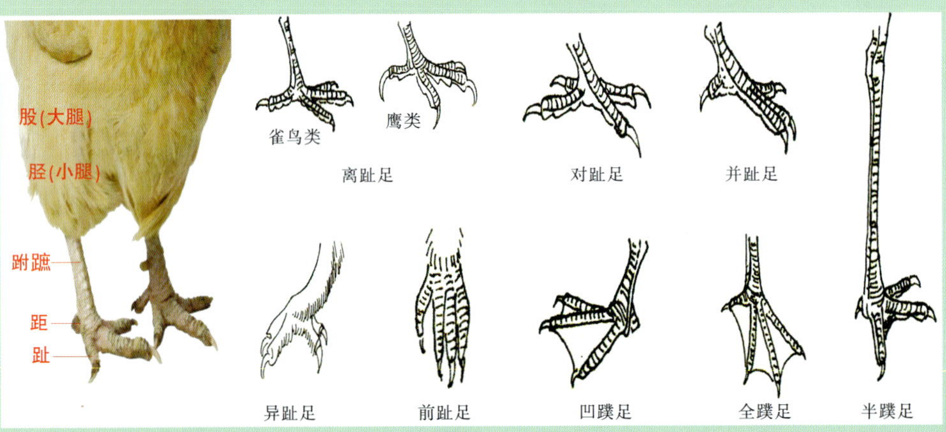

图 4–16

1.**鸟离趾足雕刻实例**（图 4–17，①~⑪）

①准备南瓜 1 段。

②去掉边沿多余的废料，修出鸟爪侧面的基本形状。

③将后脚趾削窄，前面的 3 根脚趾呈三角形。

④用圆口戳刀将前面的 3 根脚趾的位置确定好。

⑤去掉前面脚趾之间多余的原料，将 3 根脚趾分开。

⑥修出脚趾上的关节。

⑦打掉棱角，将每根关节修圆。

⑧刻出脚趾上的鳞片。

⑨用圆口戳刀戳出趾度。

⑩去掉多余的原料，并打掉趾度的棱角。

⑪这样就将离趾足雕刻好了。

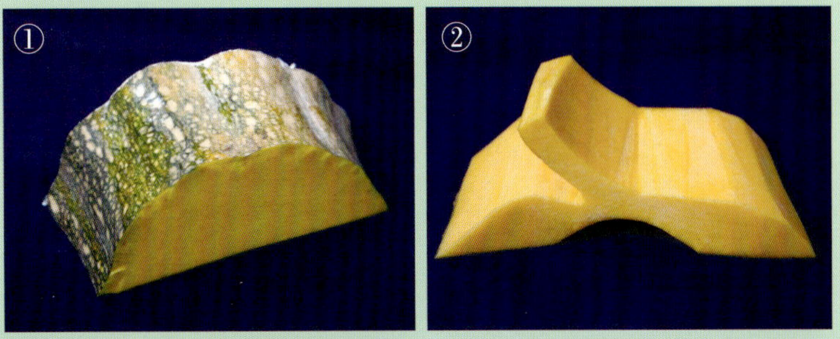

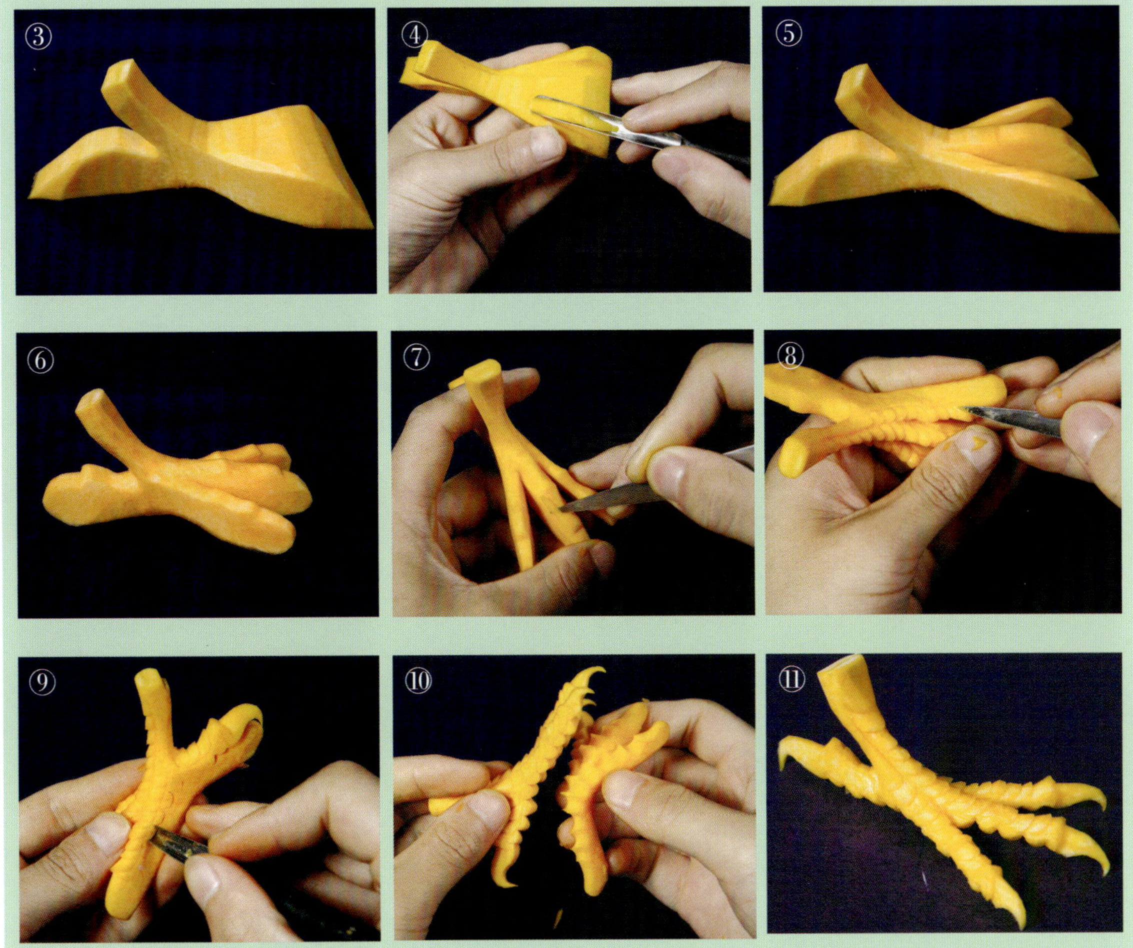

图 4–17

2.鸟对趾足雕刻实例（见图 4–18，①~⑧）

①准备南瓜 1 段。

②将对趾足的大体侧面形状雕刻出来。

③用画线刀确定出脚趾的位置。

④去掉脚趾间多余的原料。

⑤将脚趾的关节和指甲雕刻好。

⑥用圆口戳刀戳出指度。

⑦去掉多余的原料，并将指度的棱角打掉。

⑧对趾足就雕刻完成了。

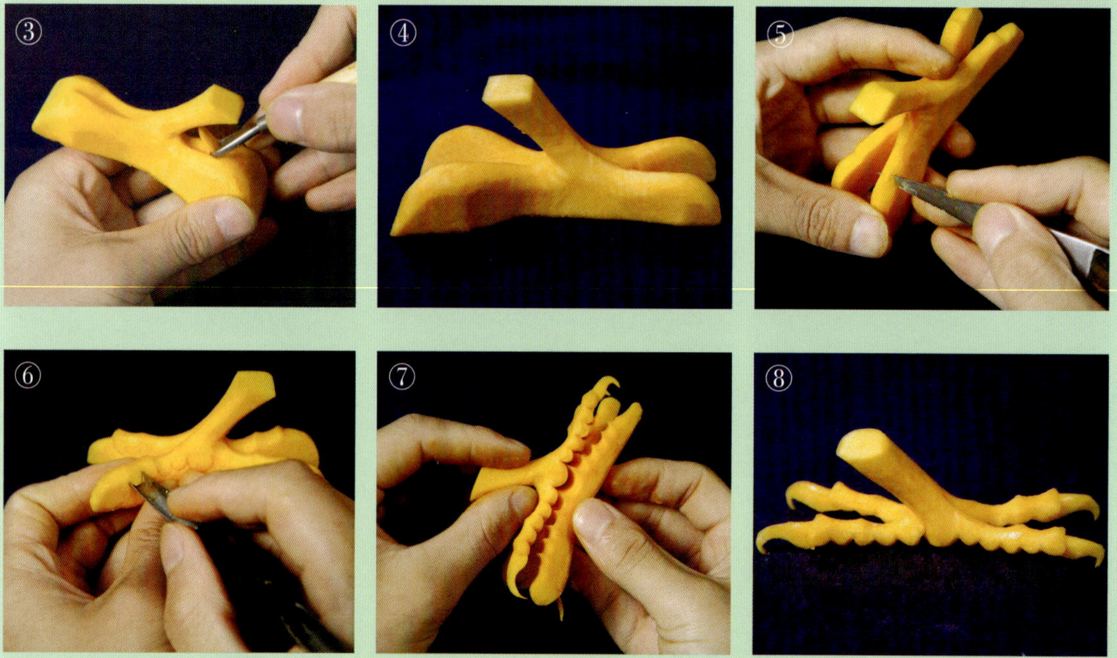

图 4-18

3.鸟全蹼足雕刻实例(见图 4-19，①~⑧)

①准备南瓜 1 段。

②修出全蹼足的基本形状。

③用圆口戳刀分出脚趾。

④用手刀雕刻出脚趾上的关节。

⑤雕刻出蹼。

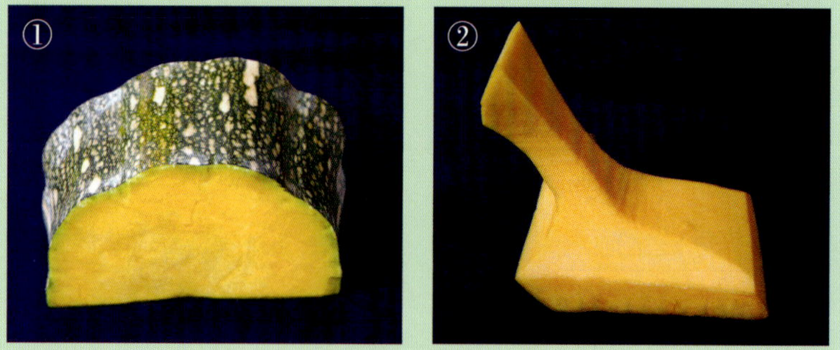

图 4-19

⑥用圆口戳刀戳出指度，去掉多余的原料，并打掉指度上的棱角。

⑦雕出指甲用 502 胶水粘在脚趾前端。

⑧全蹼足就雕刻完成。

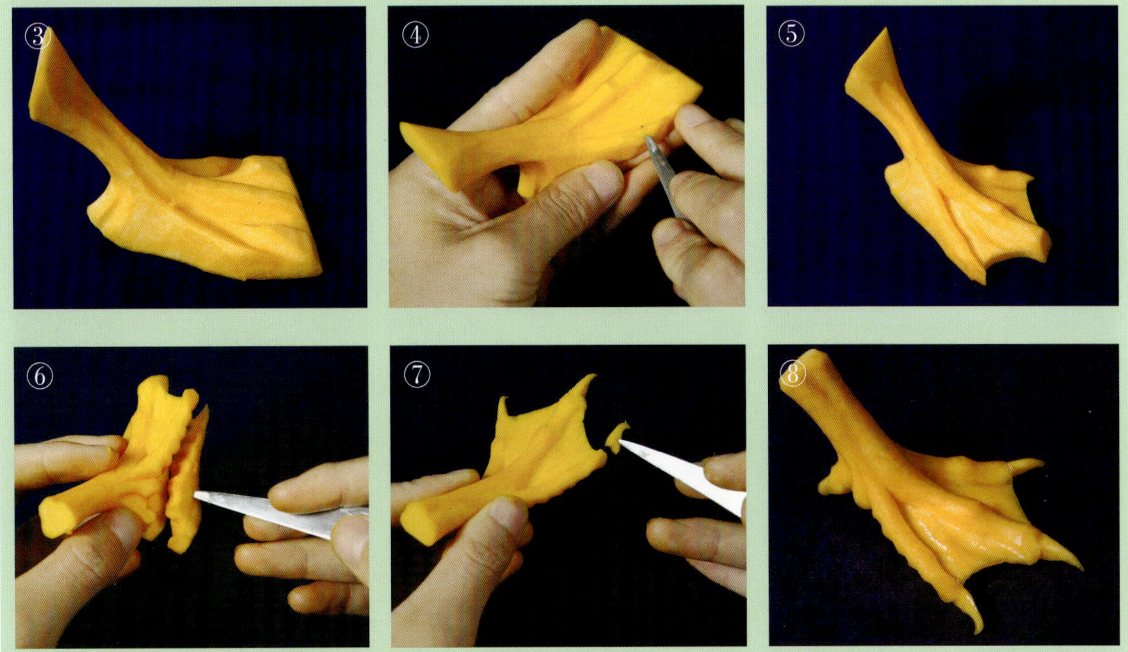

图 4-19

(五)尾部

鸟的尾部一般由 10~12 枚，最少 4 枚羽毛组成，称之为尾羽，尾羽展开时平整，合并时有的互相重叠。根据鸟的种类不同，尾羽的组合形状也有差异，大体上可分为楔尾、平尾、圆尾、凸尾、燕尾、凹尾、铗尾(见图 4-20)。

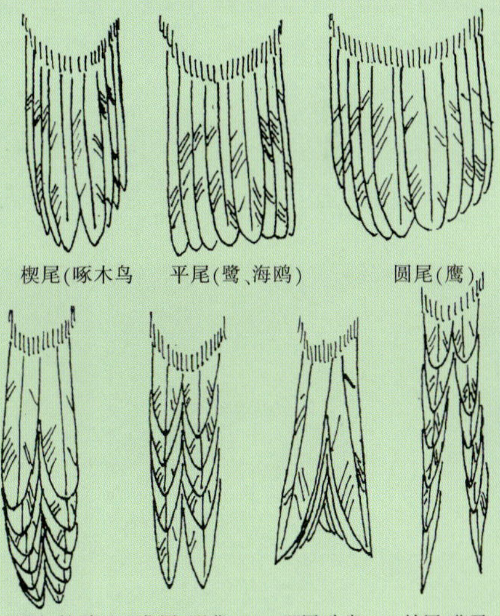

图 4-20

尾羽由主尾羽和侧尾羽组成。整体排列是以主尾羽为中心，两侧的侧尾羽微微下包，形成微弓的状态。但各种鸟的尾羽形状都不相同。鸟尾有尾椎骨，活动灵活。尾羽上下有尾上复羽和尾下复羽。有的鸟尾上复羽发展得非常漂亮。如琴鸟的尾上复羽高耸如琴形。锦鸡的尾上复羽中，在两侧各长五支红色细柔翎毛。最漂亮的是孔雀，常被误认为孔雀尾巴的孔雀翎，实际上是尾上复羽的变异。

1.鸟楔尾雕刻实例(见图 4-21，①~⑦)

①准备南瓜 1 个。

②确定两根主尾羽的位置及走向，雕刻出羽轴及羽毛的轮廓。

③接着雕刻出主尾羽两边的副尾羽。
④用小号木刻戳刀沿着副尾羽的里边戳出羽轴。
⑤用小号木刻戳刀戳出羽毛的纹路。
⑥用大号圆口戳刀戳出每根羽毛。
⑦去掉底部的余料,楔尾就雕刻完成了。

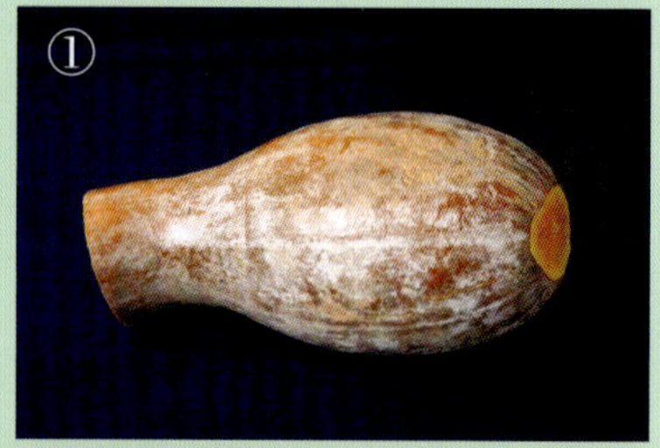

图 4-21

2.鸟圆尾雕刻实例(见图 4-22,①~⑦)
①准备南瓜 1 块。
②打掉瓜皮后,在原料中间雕刻出中间主尾羽形态。
③去掉主尾羽边沿一层原料,使羽毛突出。

图 4-22

④用同样的方法雕刻出其他的副尾羽。

⑤用小号木刻戳刀戳出羽毛上的纹路。

⑥去掉多余的原料，将尾羽从原料上取下。

⑦这样就将圆尾雕刻好了。

二、鸟类雕刻的特性

1.雕刻比例恰当 掌握好雕刻对象的形态、结构，做到比例恰当。只有对雕刻对象的形态、结构熟悉以后，才能做到下刀有数，形态完美，形象生动。如果对雕刻对象不熟，形态特征就不能准确地予以表现。

2.雕刻手法相似 各种鸟都是由头、颈、躯干、翅膀、腿、爪、尾巴这几个部分构成的，所以在掌握了一种鸟的雕刻方法后，所有的鸟都可以用同样的方法雕刻，只是在雕刻时体现出不同鸟的体貌特征即可。

3.根据雕刻内容确定原料

①先定内容，后选原料:这一方法，比较常用。一般依据办宴的目的、意义、菜肴的名称、用料来确定雕刻的内容，然后根据需要，如需要雕刻品的大小、色泽、质感等因素，选择雕刻的原料。如:为老年人祝寿的宴会，根据办宴的目的，制作“松鹤延年”的食雕看台，由于雕刻的白鹤要求形态大、色白，故宜选用个头大、不空花的红皮白萝卜或青头萝卜。

②根据原料，确定内容:这种方法，多用于熟练工进行食品雕刻创作。创作时，一般随意拿起一个原料(不拣不选)，对其外形认真观察，以激起雕刻师的灵感，根据原料自身的外形，确定出这个原料适合雕刻的内容。一个头部分叉的萝卜，正好就像是两只鸟的头，根据原料的形态，雕两只鹦鹉，再把两只鹦鹉的头相对，尤如两个情侣窃窃私语，该作品可以命名为“私语”。

4.翅膀羽毛的处理

用戳刀将羽毛戳出后，放于白矾水内浸泡，原料吸足水后，便向上翘起，并有向后卷曲之感。从而使羽毛层次更分明，更具活力，翅膀也显得更轻、更生动。但需注意，在戳羽毛时，要戳得不薄不厚，且前后厚薄均匀。

5.雕刻时合理取舍

在雕刻鸟类时要注意把握住鸟的基本结构特征，做到结构合理、形象生动、比例协调。雕刻能体现鸟特点的位置(如:头部)时，可以适当的夸张其特征。而一些不重要的地方(如:羽毛)，就没有必要雕刻得非常细密繁杂了，可以适当的删简。

四、鸟类雕刻实例

(一)喜鹊

喜鹊(见图 4-23)外形似鸦，但具长尾。体长 43~46 厘米。除腹部及肩部外，通体黑色;翅短圆;尾羽比翅长，呈楔形;嘴、腿、脚纯黑色。

喜鹊自古以来深受人们喜爱，民间将它作为“吉祥”的象征。在民间民俗装饰纹样中，一

图 4-23

对喜鹊寓“双喜临门”；喜鹊与梅花，寓“喜上梅（眉）梢”；喜鹊与古方孔钱眼为“喜在眼钱（前）”；以喜鹊与莲花、谷穗等组成的图案，寓意“喜登连（莲）科（颗）”。

喜鹊雕刻实例（见图 4-24，①~⑬）

①准备牛腿南瓜 1 根。

②确定出喜鹊头的位置。

③雕刻出喜鹊嘴、头及脖子的大体形状。

④确定喜鹊身体的位置，并将其基本形状雕出。

⑤用圆口戳刀戳出喜鹊头、眼睛、脸的结构线。

⑥安上塑料眼睛，并雕刻出绒羽及腿、爪。

⑦雕刻出喜鹊身上的羽毛。

⑧雕刻出假山、树干与树枝。

⑨另取原料，制作出尾羽，用 502 胶粘在躯干末端。

⑩再取一块原料雕刻成半打开翅膀的基本形状。

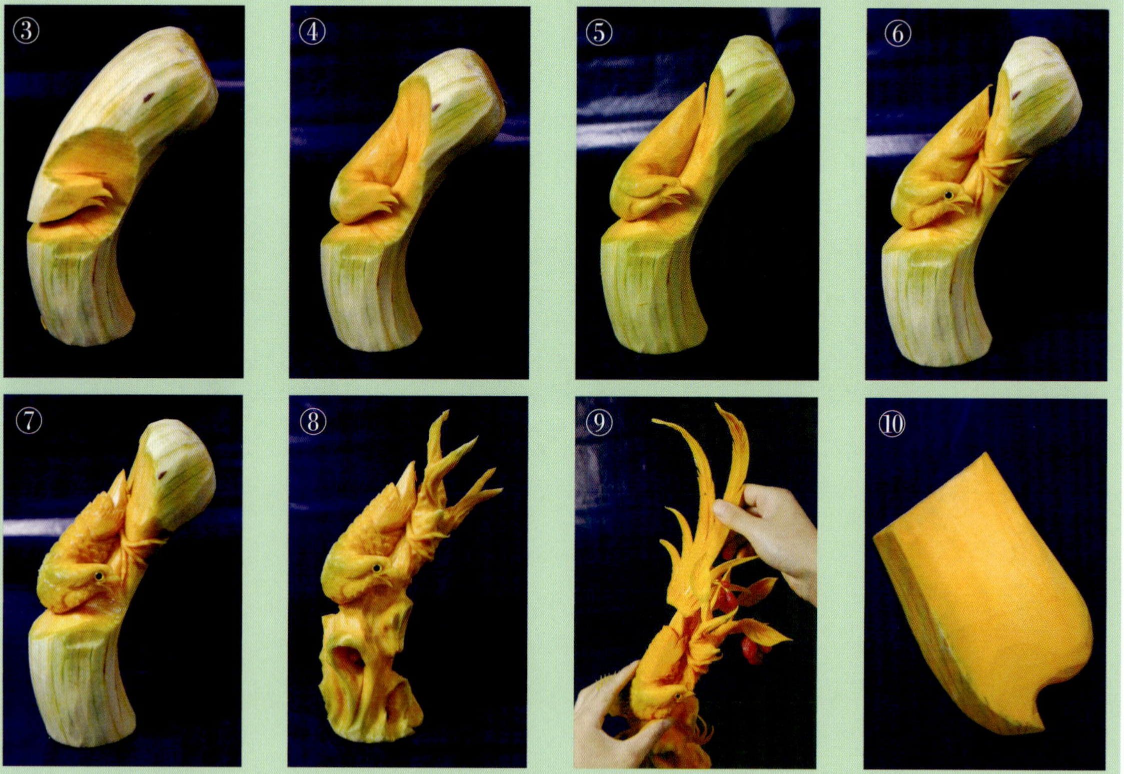

图 4-24

⑪雕刻出翅膀上的羽毛。

⑫将雕好的翅膀粘于肩上。

⑬这样就将一个组合喜鹊雕刻完成。

图 4-24

(二)仙鹤

图 4-25

仙鹤(见图 4-25)也称为丹顶鹤。仙鹤身体高大,直立时达到了 1.3~1.5 米,其优美的体型,富于曲线的脖颈,挺直纤细的长足,一身洁白的羽毛,墨黑的翅翼,配上一块鲜艳夺目的红色肉冠,可算是长足涉禽中的佼佼者。仙鹤显著特征是腿长、颈长、嘴长。嘴长而坚直,色绿。腿长,胫骨被鳞片,色青绿,高 1~1.3 米(3~4 尺)。眼褐色。全身羽毛洁白如雪,两翅中部长有弯曲的飞羽,黑色,覆盖在尾羽上,常被人们误认为仙鹤的尾巴是黑色的。鹤的头顶裸出部分为朱红色,看起来好似一顶红帽子,所以有"丹顶鹤"之称,鹤喉、颊及颈部为暗褐色。仙鹤栖息于芦苇及其他荒草的沼泽地带,飞行时头脚伸直,两翅舒展,静止时长脚撑身,婷婷玉立。

仙鹤在中华民族传统文化中,仅次于凤,有德、寿、雅、逸之品质,具"仙风道骨",故备受道家青睐。神话传说中仙人多骑鹤,持鹤扇,称为"仙驾"、"仙驭"。人们日常生活中把仙鹤誉为吉庆、祥瑞、长寿的象征。鹤与松树的图案为"松鹤延年"或"松龄鹤寿";鹤与鹿、梧桐,被称为"鹤鹿同春";五只蝙蝠与仙鹤组成的图案叫"五福捧寿";乌龟与鹤称为"龟鹤齐龄"。

仙鹤雕刻实例(见图 4-26,①~⑪)

①准备牛腿南瓜 1 根。

②用 U 型戳刀、雕刻刀先雕刻出仙鹤头部和颈部的大体形状。注意仙鹤的特点嘴长、颈长。

③然后确定出仙鹤身体的整体外型,并分出两条腿。

④打掉棱角,细刻出仙鹤的头部,将脖子修圆修细,再用尖口戳刀戳出一圈肩羽。

⑤雕刻出仙鹤的腿及爪。

⑥用雕刀雕刻出仙鹤身体上的羽毛。

⑦另备一块原料去皮，削成翅膀的轮廓形。

⑧用雕刀和U型戳刀雕刻出翅膀上的羽毛。

⑨采用同样的方法雕出另外的一只翅膀。

⑩按照鸟尾的雕刻方法，制作出仙鹤尾巴，用502胶水将其粘在仙鹤的尾部。

⑪最后粘上仙鹤的翅膀，并配上小草、卵石等即成。

图 4-26

(三)天鹅

天鹅(见图4-27)是雁亚科中最大的水禽。世界上共存有5种天鹅，较常见的是大天鹅、小天鹅、疣鼻天鹅三种，而短嘴天鹅和黑颈天鹅已列为国际濒危野生动物。

天鹅体形优美，长颈，体坚实，脚大，在水中滑行时神态庄重，飞翔时长颈前伸，徐缓地扇动双翅。天鹅羽毛洁白，其颈长约占身体的一半。在所有天鹅中，疣鼻天鹅是最美的，其体长1.5米以上，嘴基和额有明显的黑色疣状突起，眼先裸皮黑色，眼深棕色，嘴红色，脚趾和蹼纯黑，颈弯曲，翅向上隆起。水面游动时，疣鼻天鹅的颈弯曲成“乙”形，姿态非常优美。天鹅越冬迁飞时，在高空组成斜线或“人”字形队列前进。

图 4-27

人们喜爱天鹅，而且还把它视为爱情纯真的象征，因为天鹅爱情专一，一朝匹配即终生相伴。同时天鹅性情温柔，秉性高洁，又被人们视为美好和善良的象征。

天鹅雕刻实例（见图 4-28，①~⑧）

①准备牛腿南瓜 1 根。

②用雕刀雕刻出天鹅头的大体形状。

③然后将天鹅身体的形状雕刻出来。

④细刻出天鹅的头部，并安上塑料眼睛。

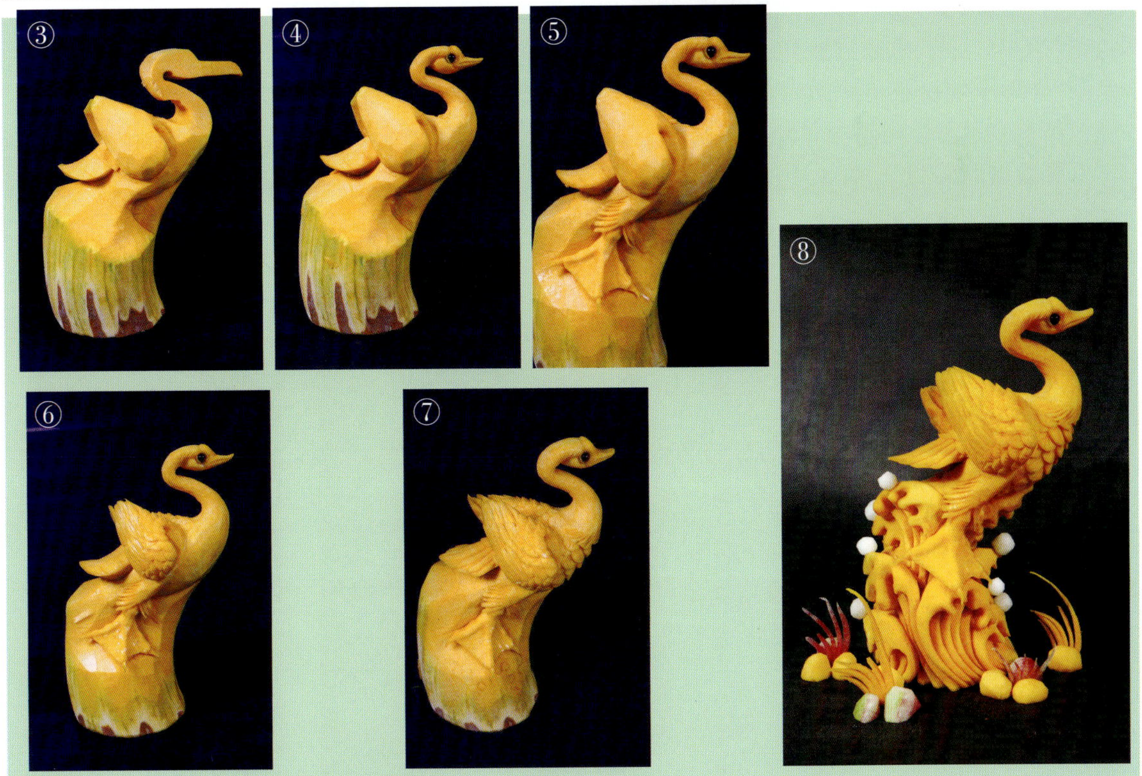

图 4-28

⑤雕刻出天鹅的脚。

⑥制作天鹅翅膀上的羽毛。

⑦雕出天鹅身体上的羽毛及尾巴。

⑧最后将天鹅周围剩余的原料雕刻成浪花，并安上用白萝卜做的水珠，再用雕刻好的草、卵石点缀即可。

（四）凤凰

凤凰（见图 4-29），亦称为朱鸟、丹鸟、火鸟等，传说中凤凰是一种瑞鸟，是四灵之一（龙、凤、龟、麟），百禽之王，凤凰每次死后，周身会燃起大火，然后在烈火中获得重生，并获得较之以前更强大的生命力。

图 4-29

凤凰和麒麟一样，是雌雄统称，雄为凤，雌为凰，其总称为凤凰。凤凰齐飞，是吉祥和谐的象征。凤凰跟龙的形象一样，是各种动物的优合体。如锦鸡的头、鹦鹉的嘴、孔雀的脖、鸳鸯的身、大鹏的翅、仙鹤的足、孔雀的毛、公鸡的冠等。

凤是人们心目中的瑞鸟，是天下太平的象征。古人认为时逢太平盛世，便有凤凰飞来。凤凰也是中国皇权的象征，常和龙一起使用，龙凤呈祥是最具中国特色的图腾。凤凰是尊贵、崇高、贤德的象征，含有美好而又不同凡俗之意。凤凰也是和谐的象征，如“鸾凤和鸣”表示自然界鸾鸟与凤凰相应鸣叫，声音和悦，也常被人们用来表示夫妻关系和谐；“百鸟朝凤”象征自然界的和谐秩序，象征全社会的和谐；“丹凤朝阳”即形象地反映了原始农业时代阳鸟与太阳的和谐关系，在古代也被用来表示君臣之间的和睦协调状态。

凤凰雕刻实例（见图 4-30，①~⑭）

①准备牛腿南瓜两段。

②用 502 胶水将较短的一段南瓜粘于另一段南瓜的顶端，用于雕刻凤头。

③先将顶部原料按照凤凰头的厚度削好，并将脖子的线条确定出来。

④再雕刻出凤凰头的基本型及凤凰身体形态，并打掉棱角。

⑤细刻出凤头，并安上塑料眼睛。

⑥用雕刀雕出凤凰颈项羽毛。注意雕完一层后削掉下面的一层原料，然后再雕下一层，这样雕出的羽毛才会有层次感。

⑦刻出凤凰身体上的鱼鳞状羽毛以及凤凰的腿。

⑧将凤凰腿进一步雕细，并修出指甲及脚趾的关节。

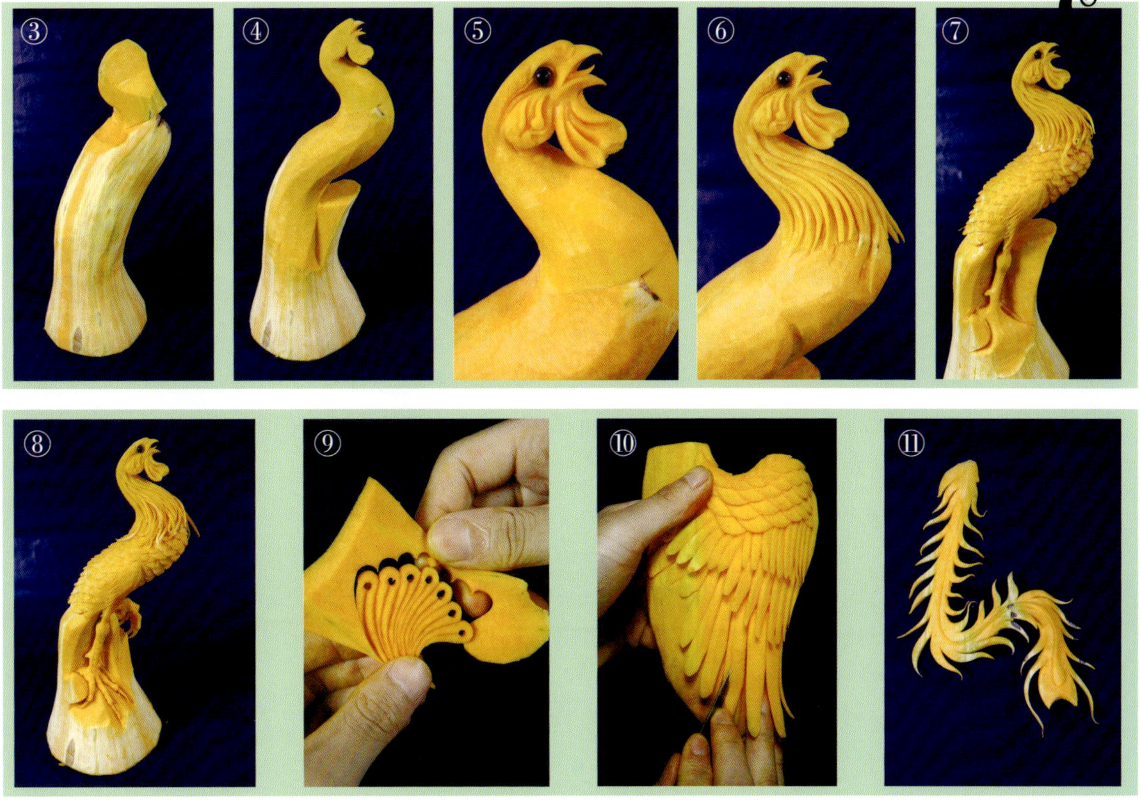

⑨另取南瓜一块，将其片成有一定厚度的片，然后用雕刀将其雕成凤胆。
⑩雕出凤凰的 1 对翅膀。
⑪制作出凤凰长长的三根尾羽
⑫另用原料雕刻出凤冠。
⑬用 502 胶水将雕好的各配件按部位粘于凤凰身体上。
⑭凤凰雕刻完成。

图 4-30

(五)鹰

鹰(见图 4-31)种类很多,常见的有苍鹰、雀鹰和赤腹鹰三种。鹰翅膀宽大善于高飞,爪强劲有力,4 趾具钩爪,嘴尖锐带钩。雄鸟体长约半米,雄鸟体形较雌鸟小。从头部到前部为灰黑色,眼后为黑色,有明显的白色眉斑;下体白色,杂有数目很多的灰黑色小横斑。雌鸟上体及翼表面为灰褐色,眉纹白,杂有褐纹,下体白色,体下面有纵斑,属于猛禽。

图 4-31

在我国鹰被视为力量、神武的象征,它还是很多民族的图腾。在生活中人们将鹰视为能辟邪驱恶,纳福迎祥的神鸟,寓意胸怀大志、高瞻远瞩,如:"大展鸿图"、"鹰击长空"等,是对友人的美好祝福。

鹰雕刻实例(见图 4-32,①~⑪)

①用美工刀将泡沫板划成 5 厘米见方的长条 4 根。然后将泡沫条整齐地用透明胶带粘在木板的边沿。琼脂入锅,加清水上火熬化,将琼脂浆倒在木板上,待其凝固变硬。

②将要雕刻的 1 只展翅飞翔老鹰的结构线用广告色画在琼脂的表面。

③用尖口戳刀顺结构线戳出一凹糟。

④将结构线外的原料削矮一层。注意在右上角留出"大展宏图"四个文字的位置。

⑤按照鹰的结构和层次,在鹰的原料上分出头、颈、躯干、两只翅膀、腿、脚爪的层次,并将结构线边沿的棱角削圆。

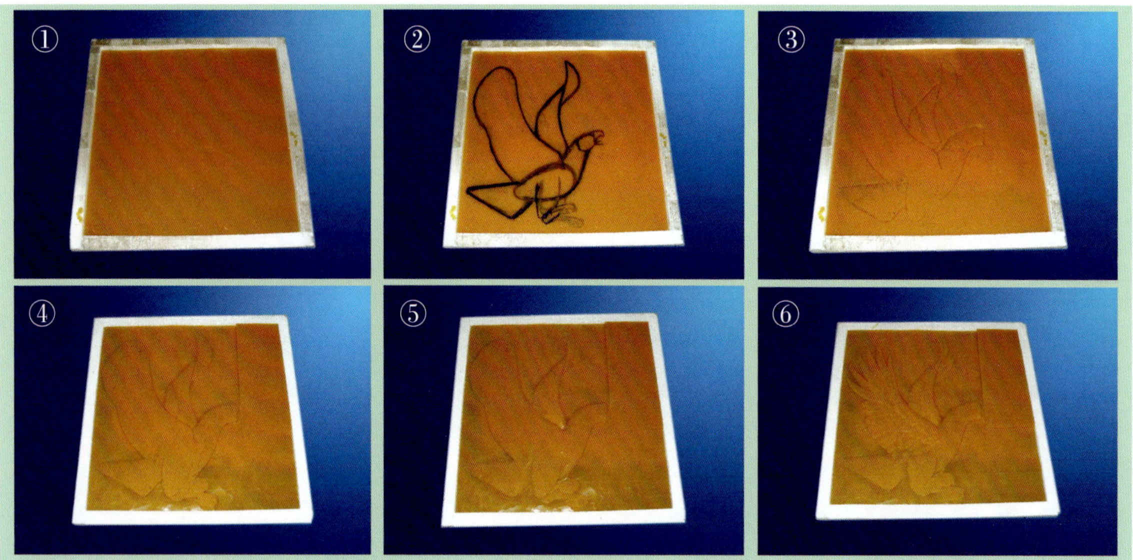
图 4-32

⑥在鹰的两个翅膀上,按小复羽、中复羽、大复羽、次级飞羽、初级飞羽的顺序雕刻出翅膀的羽毛。

⑦然后细刻出鹰的头部,并依次雕刻出颈部、躯干、腿部、尾部的羽毛。最后雕刻出脚爪,从而完成鹰的雕刻。

⑧用笔在右上角写上隶书的"大展宏图"四个字,用刀按阳刻的手法将字雕出。

⑨在鹰背后的琼脂上画出云彩的图案。

⑩雕出云彩,去掉边沿的泡沫板。

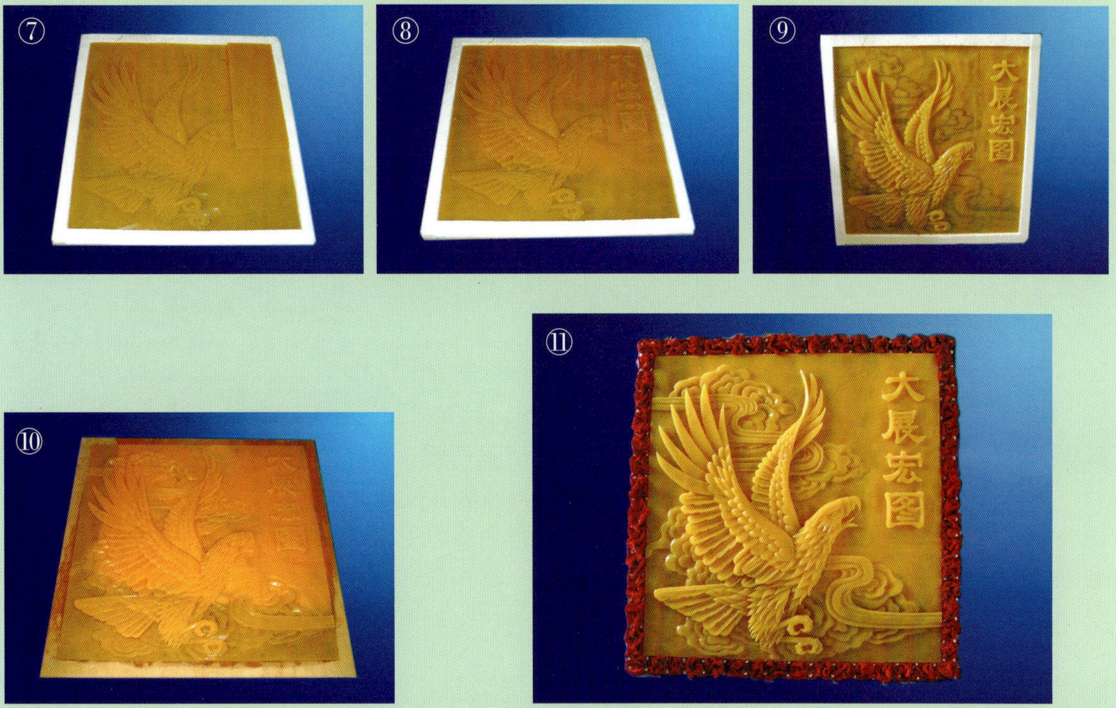

图 4-32

⑪在琼脂边沿的木板上,将绒布折出皱,用图钉钉上即成。

思考与练习

1.鸟类的特征是什么?

2.鸟是由哪几部分构成的?

3.雕刻出几种鸟类的头部。

4.说出鸟类翅膀羽毛的层次。试雕收拢的、半开的、全开的翅膀。

5.说说鸟脚爪的分类,并雕刻出两种鸟脚。

6.简述喜鹊的雕刻过程。

7.说说凤凰是由哪些动物的优点构成的,并试雕凤凰。

8.试雕喜鹊、天鹅、仙鹤各 1 只。

9.练习鹰的浮雕刻法。

第五讲　兽类的雕刻

教学目标

1.了解兽类的体形结构。

2.掌握兽类的雕刻方法。

兽类也是食品雕刻常用的表现题材。如寓意德才兼备展宏图的“万马奔腾”、“马到成功”；寓意吉庆祥瑞的“双狮戏球”、“三阳(羊)开泰”、“吉祥(象)如意”；寓意国泰民安、生活幸福的“太平景象”(见图5–1)、“万象更新”；寓意吉祥长寿的“鹤鹿同春”、“龟龄鹤寿”等。

图 5–1

兽类的躯体由众多块状椎骨组成脊柱。脊柱分颈、胸、腰、骶、尾椎五段。整个躯体部段分明、结构清晰，分头、颈、肩、胸背、腰腹、髋臀及四肢。肩胛骨连接前肢；后肢则连接于骨盆两侧。

兽类雕刻常有三种造型方法。第一种是按照自然界真实动物的形体结构进行雕刻，称为写实造型法。写实造型法要求雕刻出的动物形体比例准确，结构合理，形象逼真。第二种是采用夸张变形的手法，将兽的形象整体变形或部分变形，称为变形造型法。变形造型法要求变形合理，生动传神，符合审美的要求。第三种是依据所雕兽类的形态特征，进行艺术处理，或添加或减化，称为装饰造型法。这种造型法要求造型生动、美观，纹理流畅、清晰，具有强烈的装饰效果。

图 5–2

鹿

鹿(见图 5–2)是食草性动物，种类繁多，有梅花鹿、麋鹿、海南坡鹿、白唇鹿、豚鹿、驼鹿、马鹿、水鹿等等。体长 1.3 米(4 尺)多，形体矫健，四肢细长，前二趾踏地有蹄，尾短，毛色冬季茶褐，夏季变栗色，有白斑。在鹿的家族中，除了驯鹿公母都能长出角外，其他的鹿只有公鹿才会长角。鹿角是公鹿的武器，梅花鹿、马鹿、水鹿、白唇鹿每年新长出来的嫩角是名贵的中药材——鹿茸。

在中国传统文化中，因“鹿”与“禄”谐音，故鹿是官职、爵位、俸禄以及福、禄、寿的象征。

鹿雕刻实例(见图 5–3，①~⑪)

①准备牛腿南瓜 1 根，去皮待用。

②在整体比例结构有数的情况下，先雕刻出鹿头大体形状。

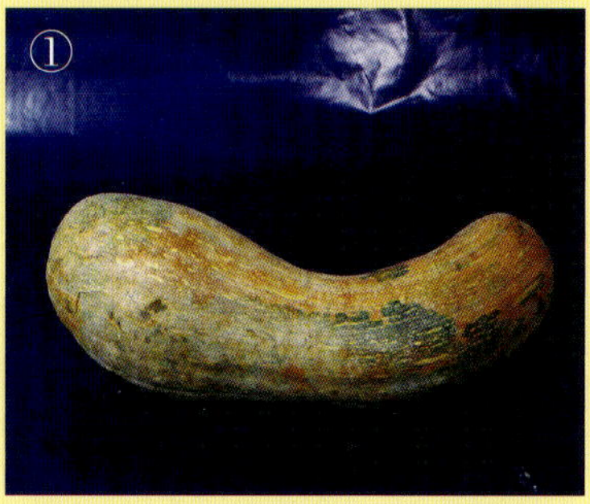

图 5–3

③然后确定鹿整体的基本形状，并用圆口戳刀戳出结构线。

④用圆口戳刀戳出鹿头上各部位的基本结构。

⑤细刻出鹿眼睛、嘴巴和脸部肌肉以及鹿脖子。

⑥将鹿身体上的棱角去掉，将身体修圆，进一步将身体的形状雕出来。

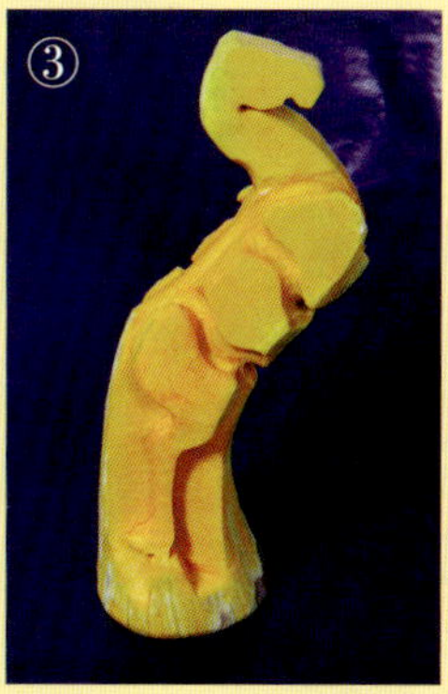

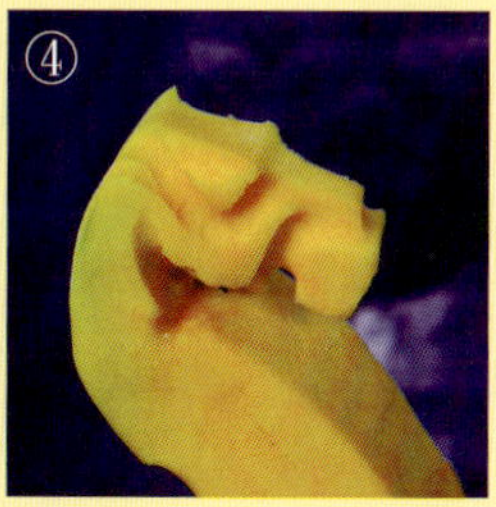

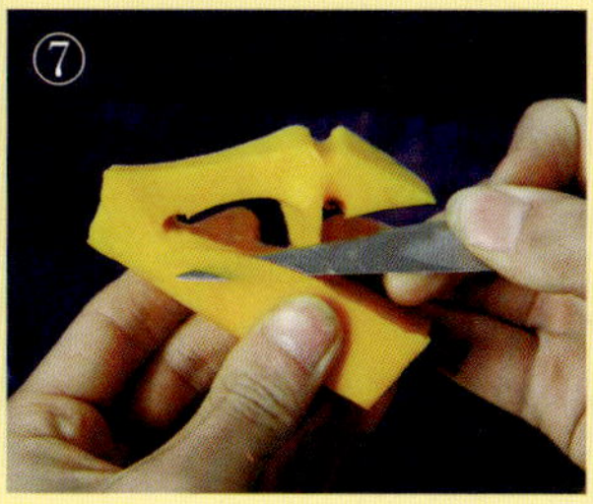

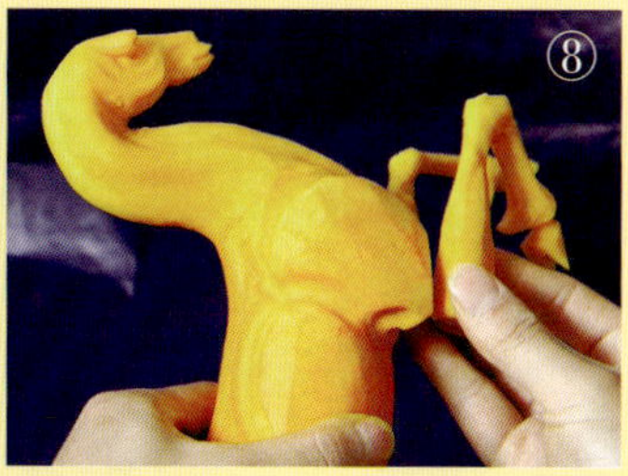

⑦根据鹿身体的动态，另取原料雕刻出动态各异的两条鹿腿。

⑧将雕刻好的腿用 502 胶水粘在前腿位置上。

⑨再取原料雕刻出鹿角及鹿耳。

⑩最后用 502 胶水将雕刻好的鹿角、鹿耳粘于头顶部。

⑪完成鹿的雕刻。

图 5-3

思考与练习

1.简述兽类的体形结构。

2.说说鹿的体形特征。

3.试雕鹿 1 只。

第六讲　建筑物的雕刻

教学目标

1.了解中国古建筑的分类。

2.掌握塔、桥的基本结构及雕刻方法。

中国建筑有着悠久的历史，从陕西半坡遗址发掘出的方形或圆形浅穴式房屋算起，距今已经有六七千年的历史了。在这些建筑物中有的简洁清新、有的富丽堂皇；有的庄严雄伟、有的小巧玲珑，它们都是我国劳动人民辛勤劳动的结晶，也是聪颖智慧的具体体现。

一、中国古建筑的分类

图6-1

1.按不同建筑类型　可以分为城市建筑、宫殿建筑、陵墓建筑、宗教建筑、园林建筑等。故宫，气势恢弘、规模庞大、金碧辉煌，是宫殿建筑的典范。宗教建筑是人们进行宗教活动的场所，如甘肃敦煌莫高窟、山西大同云冈石窟、河南洛阳龙门石窟、甘肃天水麦积山石窟、新疆拜城克孜尔石窟。中国的园林可以分为皇家园林和私家园林。具有代表性的皇家园林有颐和园、圆明园、北海、承德避暑山庄等；私家园林，如苏州的拙政园、留园、狮子林（见图6-1）、沧浪亭、网狮园、怡园、耦园等。

2.按功能分类　可以分为公共建筑、工业建筑、民用建筑、纪念性建筑、防御型建筑等。

二、建筑物的雕刻

（一）塔

塔是一种在亚洲常见的，有着特定的形式和风格的东方传统宗教建筑。塔缘起于古代印度，称作窣堵坡，原是埋葬佛祖释迦牟尼火化后留下的舍利子的一种佛教建筑。在汉代以前，我国建筑中已经有高耸云霄的楼阁，但还没有"塔"。随着佛教传入中国，窣堵坡与中土的楼、阁、阙、观结合后，经历了唐、宋、元、明、清各朝的发展，并与临近区域的建筑体系相互交流融合，逐步形成了独具中国特色的楼阁式塔（见图6-2）、密檐式塔（见图6-3）、亭阁式塔、喇嘛塔、金刚宝座塔（见图6-4）、花塔、过街塔等多种形态结构各异的塔系，建筑

图6-2

图6-3

图6-4

平面从早期的正方形逐渐演变成了六边形、八边形乃至圆形，所使用的材质也从传统的夯土、木材扩展到了砖石、陶瓷、琉璃、金属、玉、象牙、金、玻璃、水晶等材料。按照塔的组合形式，可以将塔分为单塔、双塔、三塔、五塔、群塔。最早的塔多为单层结构，后来塔身逐渐演变为多层，有三层、五层、七层、九层、十三层、十五层、十七层，乃至三十七层等重层结构。

常见塔的基本结构包括塔基、塔身、塔刹。

塔基是塔的最底部一层。塔基一部分深埋于地下，成为地基；而另一部分则显露出地面，成为塔的基座。埋于地下的，有的堆砌成了地宫，用于贮藏舍利子、佛经等"法物"。露出地面的，可以将塔托高，起烘托佛塔雄伟气势的作用。露出地面的塔基，有的还配有台基、栏杆、栏板等。

塔身是塔的主体部分。其形式、结构多样，有的塔身为实心、有的为空心。楼阁式塔均为空心，用砖或木搭建，有门有窗，还修建有楼梯，供人登高望远。

塔刹位于塔的最高处。刹为梵文音译，代表佛国净土。中国佛塔的塔刹是唯一保持古印度窣堵坡原貌的部分，但并不用于供奉"法物"，而重在装饰与象征。塔刹也分为刹座、刹身、刹顶三部分。

塔雕刻实例（见图6-5，①~⑩）

①准备实心牛腿南瓜1根，去皮待用。

②用菜刀将原料切成均匀的六面柱状。

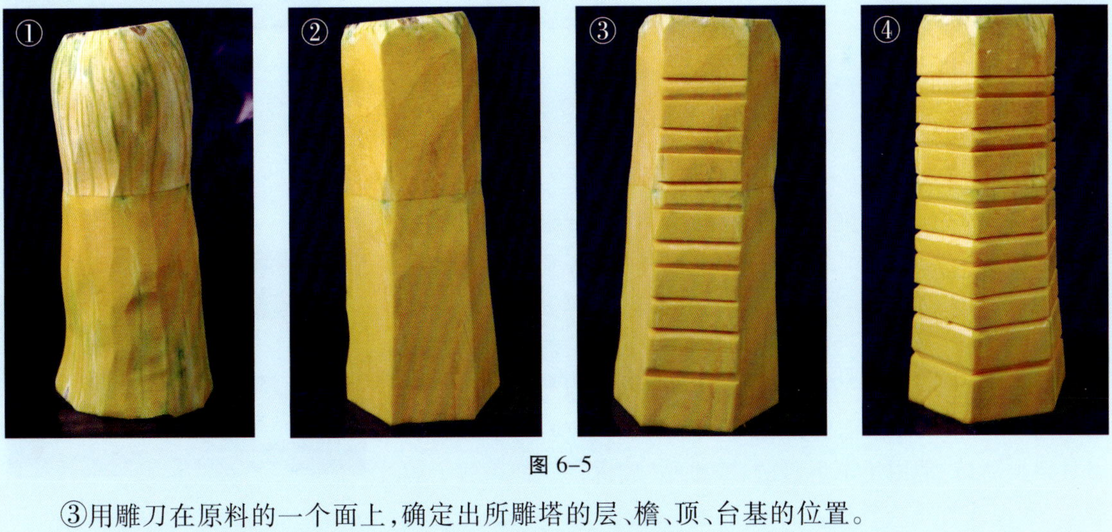

图 6-5

③用雕刀在原料的一个面上，确定出所雕塔的层、檐、顶、台基的位置。

④按照确定好的线条，将六个面的结构都刻画出来。

⑤用雕刀将楼层部分的原料去掉一层料，使塔檐突出。

⑥削掉檐一块料，使每个檐角向上翘。

⑦用雕刀呈圆弧状下刀，将屋檐上的原料去掉，确定出瓦的位置。

⑧雕刻出檐上的屋脊。

⑨用尖口戳刀戳出檐上的瓦。

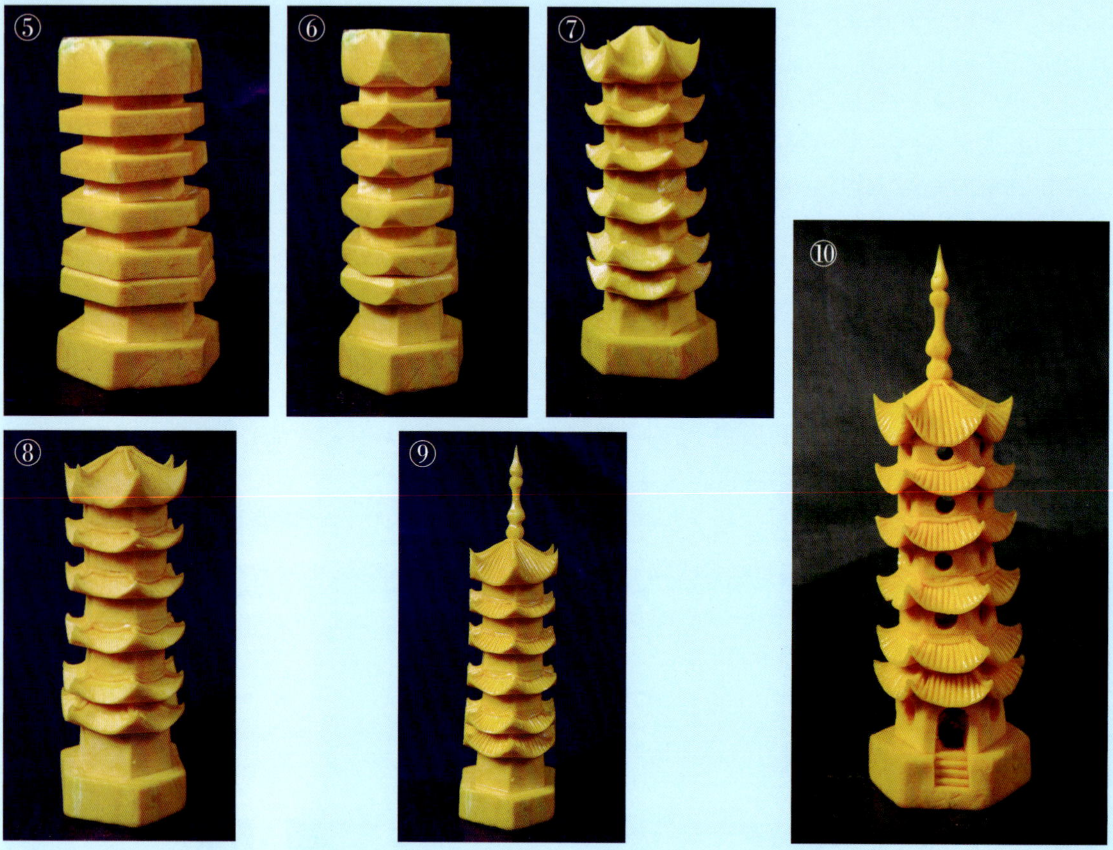

图6-5

⑩最后雕出塔的门、窗、台阶即可。

(二)桥

桥(见图6-6)由上部结构和下部结构两部分组成。上部结构包括桥身和桥面;下部结构包括桥墩、桥台和基础。

图6-6

中国的桥有梁桥、浮桥、拱桥、索桥四种基本类型,根据建筑材料的不同,又可分为木桥、石桥、砖桥、竹桥、盐桥、冰桥、藤桥、铁桥、苇桥等。梁桥又称平桥、跨空梁桥,是以桥墩做水平距离承托,然后架梁并平铺桥面的桥。浮桥又称舟桥、浮航、浮桁,因其架设简易,常用于军事目的,故也称"战桥"(一种用数十艘木船、木筏或竹筏连锁起来并列于水面,船上铺木板供人马往来通行的桥)。索桥也称吊桥、绳桥、悬索桥等,是用竹索或藤索、铁索等为骨干相拼悬吊起的大桥。

桥雕刻实例(见图6-7,①~⑧)

①取实心牛腿南瓜1根。

②将南瓜外皮削去,用菜刀将其切成桥的基本形态。

③在原料的一面用雕刀刻画出结构线,将桥墩、栏板、栏杆的位置确定好。

④去掉原料顶部的部分原料,分出栏杆与栏板。

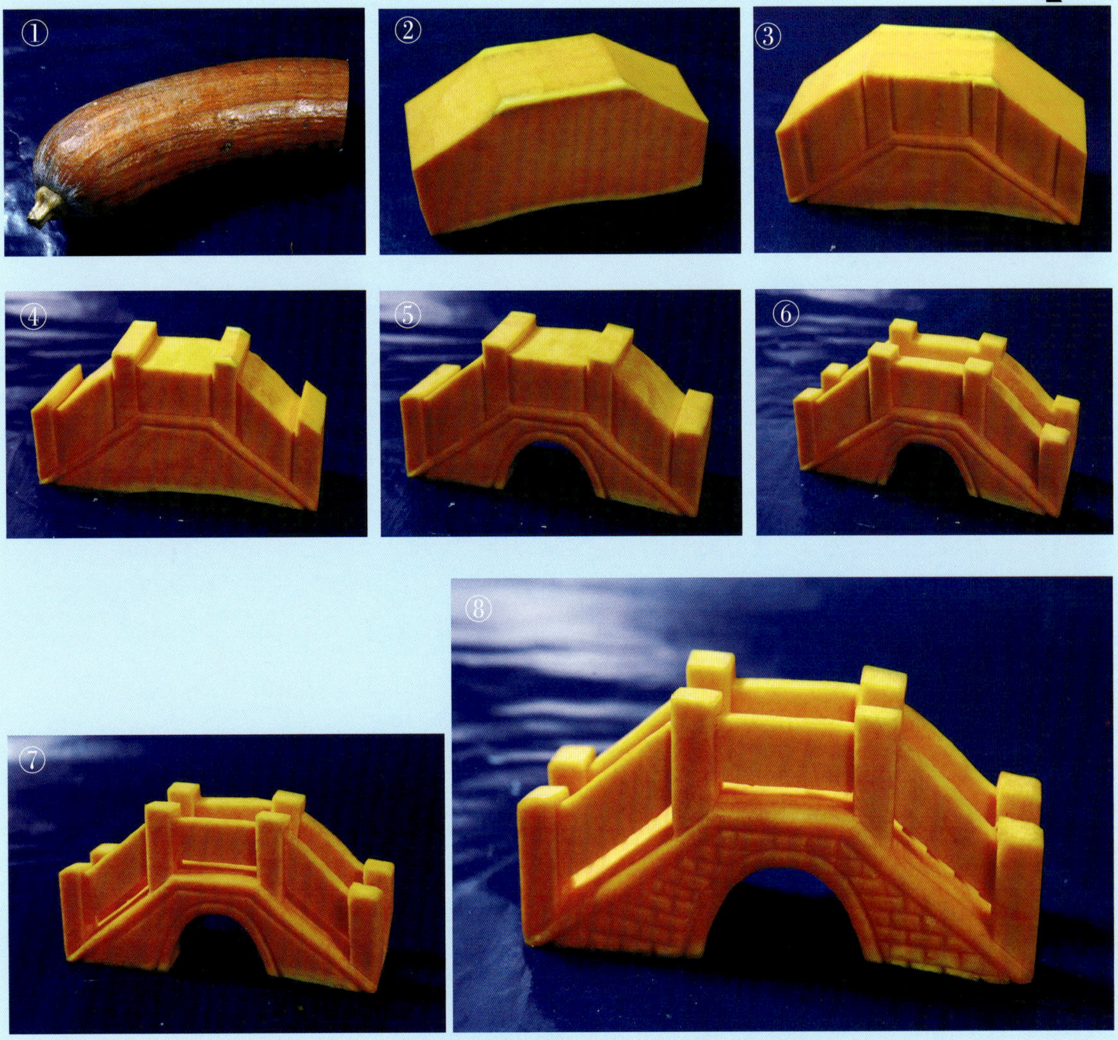

图6–7

⑤雕出半圆拱形的桥洞。

⑥用雕刀将左右栏板中间的原料去掉，使其成为桥面，并雕刻出台基。

⑦雕刻出栏板。

⑧最后在桥墩上雕刻出砖的纹路即可。

思考与练习

1.中国古建筑按建筑类型可以分为哪几类？

2.简述塔的基本结构。

3.雕刻出塔与桥。

第七讲 龙的雕刻

教学目标

1.了解龙的形态特征。

2.掌握龙头的雕刻。

3.明确龙身、龙腿、爪、龙尾的雕刻。

龙(见图7-1)是中华民族的象征,是中国图腾文化的产物,是古代劳动人民创造的理想动物形象。中国神话中的龙,是一种善变化、能兴云雨、利万物的神奇动物,传说能隐能显,能细能巨,能长能短,春分时登天,秋分时潜渊。把它作为祥瑞、和谐、长寿、高贵的象征。

图 7-1

龙是集多种动物特征于一体的形象,如牛的头、鹿的角、鹰的爪、蛇的身、鱼的尾、虾的须、虎的掌、狮的鼻、马的鬣等。龙的种类较多,按其品行分青龙、孽龙;按形象分蛟龙、应龙、虬龙、螭龙、夔龙;按年龄分虺、蛟、龙、角龙、应龙;按照动态分有盘曲成圆形的团龙、正面的坐龙、侧面的行龙、向上飞腾的升龙、向下俯降的降龙;按照龙爪数量的多少,可分为三爪、四爪、五爪,在清朝时,明文规定五爪为龙、四爪为蟒。

龙有三挺、三不、三要的特点。“三挺”是:脖子挺、腰挺、尾挺。“三不”是:不低头、不闭嘴、不闭眼。“三要”是:要有粗细变化,要有转折,要衔接自如。只要抓住了龙的这些特点,就可以进行自由变化,创造出形态各异,姿态万千的龙形来。

民间常将龙与凤组合成图案,称为“龙凤呈祥”,寓祥瑞太平,五谷丰登;将二条龙与龙珠组合在一起,叫“二龙戏珠”,喻吉祥宝贵;喻夫妻幸福和美,则称“龙飞凤舞”。

1.龙头雕刻实例(见图 7-2,①~⑪)

①牛腿南瓜切一厚片。

②先确定出龙头额头及鼻梁的位置。

③细分出鼻子前端的胡须及鼻梁、鼻翼。

④雕刻出胡须和鼻子。

⑤刻出龙嘴唇及獠牙。

⑥制作出龙嘴里的牙齿和舌头。

⑦在嘴唇的后端雕刻龙脸。

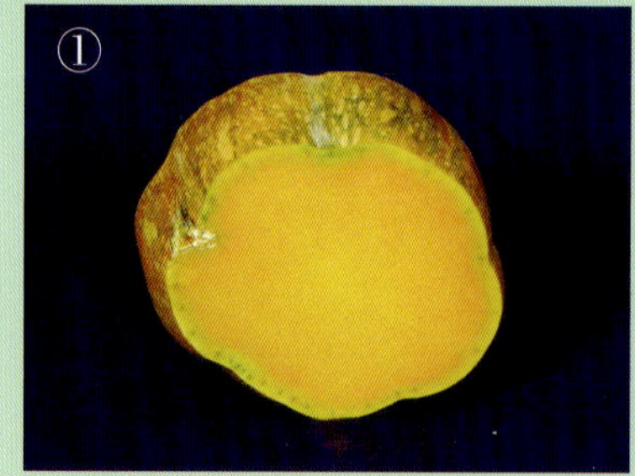

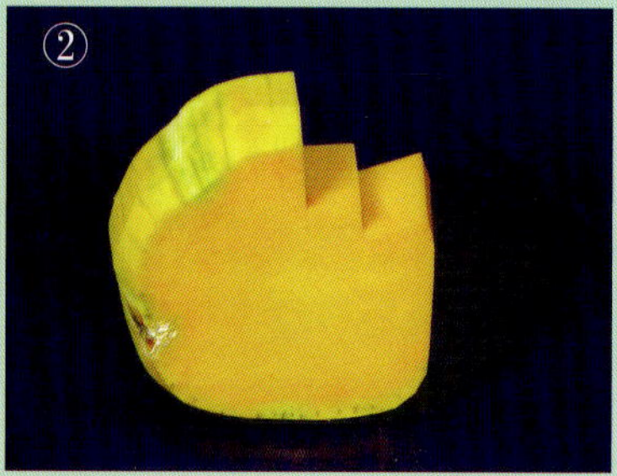

图 7-2

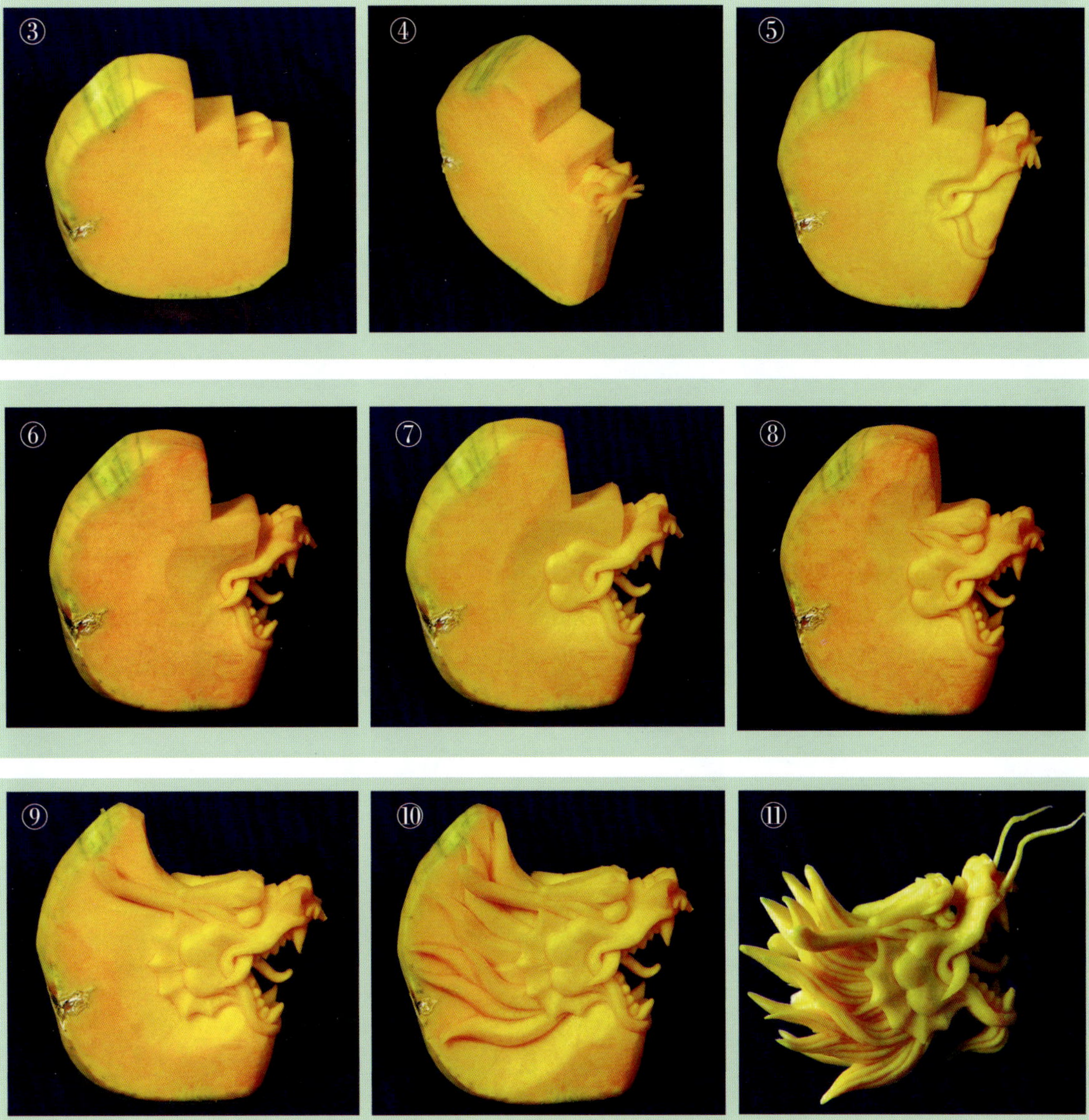

图 7-2

⑧将龙眼及耳雕刻出来。

⑨然后制作出脸部的肉刺和龙角。

⑩最后雕刻出龙的发。

⑪在鼻翼的两边粘上刻好的触须即可。

2.龙头雕刻实例(见图 7-3,①~⑰)

①取香芋1 段,削去外皮,用菜刀将其切成梯形。

②在原料2/5处分出龙眼睛和鼻子的位置。

③确定出鼻头及鼻刺的位置。

④用圆口戳刀从鼻头处下刀向后戳。

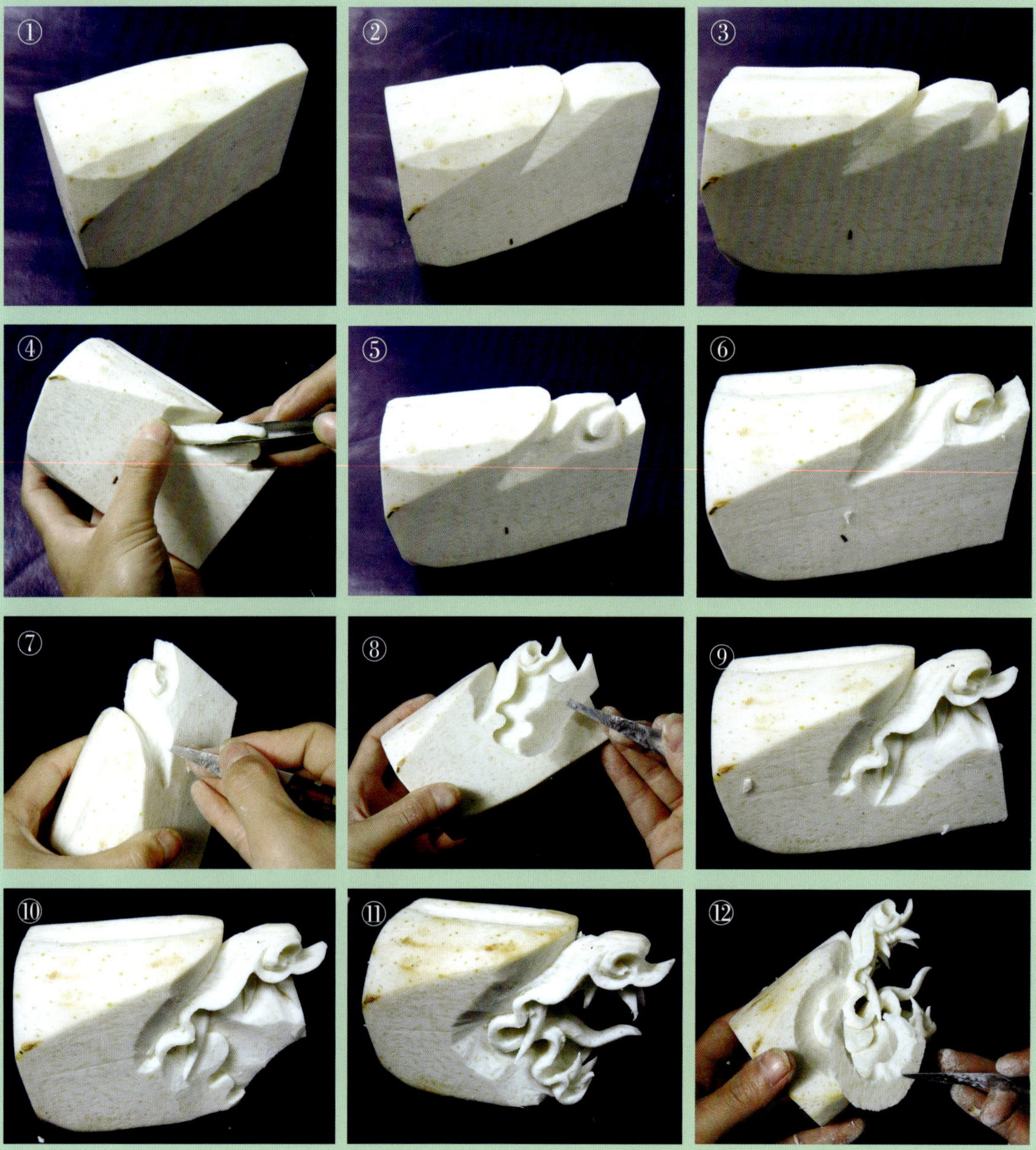

图 7-3

⑤分出鼻梁及鼻翼。

⑥细刻出龙鼻及鼻孔。

⑦雕刻出龙嘴的上唇线。

⑧去掉唇线下面的一层原料，使嘴唇突显出来。

⑨雕刻出龙上嘴的獠牙。

⑩接着雕刻出下嘴唇线。

⑪去掉龙嘴里多余的原料，雕出牙齿及舌头。

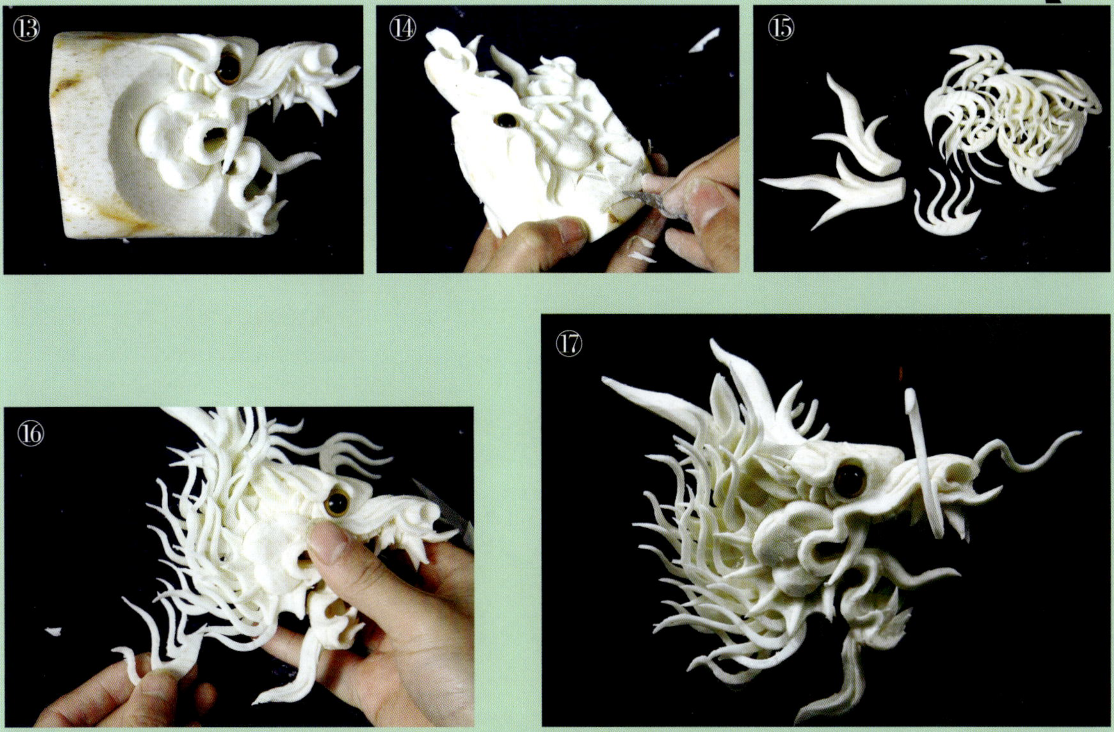

图 7–3

⑫将脸部的肌肉雕出，并削掉棱角。

⑬雕刻出眼睛、眉毛及耳朵。

⑭将龙脸部肌肉下的刺雕刻出，并去掉一层原料使其突出。

⑮另外取原料将龙角和鬃毛等配件雕刻好。

⑯将雕刻好的配件用502胶水粘在龙头上。

⑰雕刻完成的龙头。

3.龙身雕刻实例(见图 7–4，①~④)

①取香芋适量，按照龙身体的基本形状雕刻出来，并用502胶水粘接好。

②打掉龙身上的棱角，确定出龙腹及龙背的位置。

③雕刻出腹甲及身体上的鳞片。

④另用原料雕刻出龙背上的鳍，并用 502 胶粘于背

图 7–4

上即成。

4.龙腿爪雕刻实例(见图 7-5,①~⑦)

①切取香芋厚片 1 块,去皮待用。

②首先将龙爪的基本轮廓雕刻出来。

③用戳刀分出龙爪上的几个脚趾头,并确定其位置和大小。

④将每根脚趾下的肉垫用圆口戳刀戳出。

⑤再用雕刀打掉每根脚趾肉垫的棱角。

⑥刻出腿上的鳞甲及火焰。

⑦完成龙爪的雕刻。

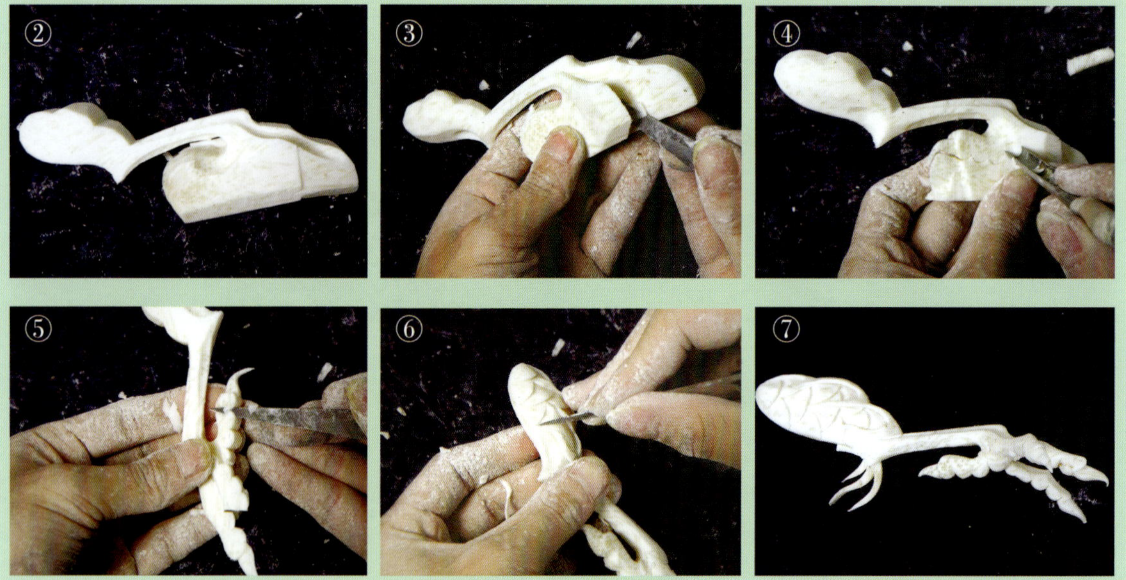

图 7-5

5.龙尾雕刻实例(见图 7-6,①~⑤)

①取原料1片,在表面勾画出龙尾的基本轮廓。

②去掉边沿多余的原料,取出龙尾。

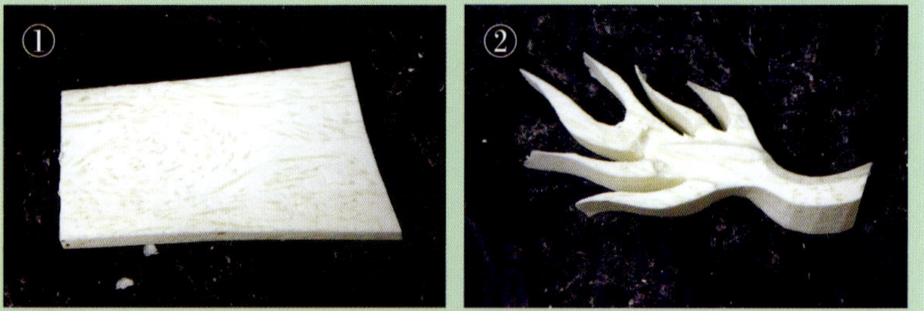

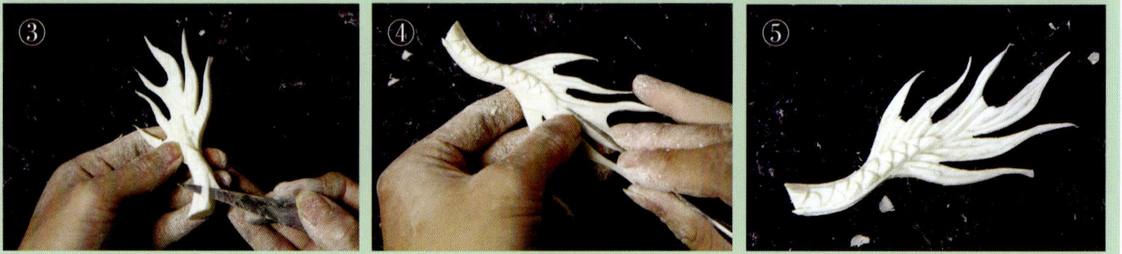

图 7-6

③将尾鳍削薄，打掉尾及鳍上的棱角。

④雕刻出尾上的鳞片，并将鳍上的纹路刻出。

⑤完成龙尾的雕刻。

6.香芋龙制作

将雕刻好的龙头、龙身、龙尾、龙爪粘接在一起（见图7-7），完成香芋龙的制作。

7.“二龙戏珠”泡沫镂空雕屏风制作（见图 7-8，①~⑨）

①准备高密度泡沫板1张。

②先在泡沫板上打上格。

③然后画出二龙戏珠的图样。

④用雕刀雕出两条龙及龙珠、云的线条。

⑤将不要的原料去掉，将泡沫板镂空。

⑥按二龙戏珠的图样将泡沫雕分出层次。

⑦细刻出龙及云彩、龙珠。

⑧用金色颜料上色。

⑨另取原料雕出屏风支架，同样刷上金色颜料，待

图7-7

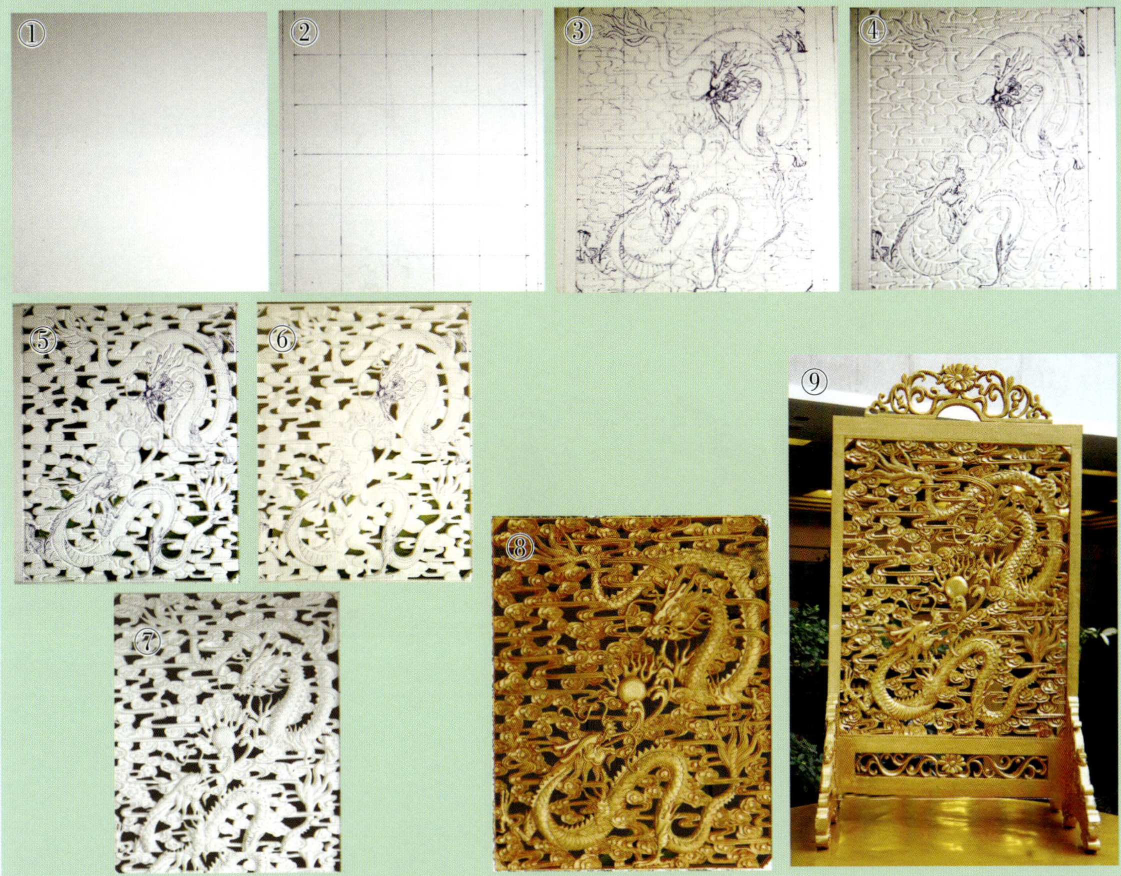

图 7-8

其干后与上好色的二龙戏珠泡沫雕粘好即可。

8.龙鹰神兽雕刻实例(见图 7-9,①~⑥)

①取泡沫板 1 张,画出龙鹰神兽的头、颈、身体的轮廓线。

②将轮廓线以外不要的废料去掉,并打掉棱角。

③雕刻出鹰头、颈部的羽毛和身体上的鳞甲。

④另取泡沫板雕刻出翅膀、腿爪,并粘于身体上。

⑤将雕刻好的尾巴粘好。

⑥最后刷上金色的颜料即可。

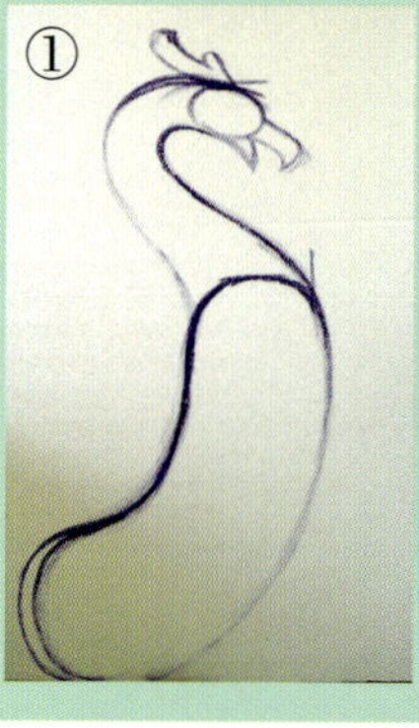

图 7-9

思考与练习

1.试述龙是由哪些动物的特征所组成。

2.龙的"三挺"、"三不"、"三要"是什么?

3.试雕刻龙头一个。

第八讲　瓜盅与瓜灯的雕刻

教学目标

1. 了解瓜盅、瓜灯的结构及作用。
2. 掌握阴纹雕、阳纹雕及凸环雕的特点及雕刻方法。
3. 熟练掌握瓜盅、瓜灯的制作技术。

一、瓜盅

盅是一种没有把的盛器，主要用来盛装酒或茶。瓜盅则是将瓜类原料制作成盅形，挖掉中间的瓤，用来盛装菜肴、水果或美化筵席台面。可用于制作瓜盅的原料品种较多，如冬瓜、西瓜、南瓜、节瓜、金瓜、佛手瓜、哈密瓜等。在众多的原料中，以西瓜雕刻的西瓜盅特点最为突出。因西瓜表皮为墨绿色，皮为白色，图案或纹样雕刻好以后，黑白分明，线条清晰。

瓜盅主要包括瓜体、瓜盖及底座三部分。瓜体是整个瓜盅中最重要的部分，也是表现瓜盅主题、盛装菜肴的部分，瓜盅的主要图案、纹样、文字均雕刻于此。瓜体上所雕刻的图案可以起到表明办宴主题作用，如雕刻龙凤图案，表明宴会是婚宴，雕刻松鹤，则表明是寿宴；瓜体上的图案也可以对瓜盅内盛装的菜肴进行说明，如菜肴是西瓜鸡，表面则雕刻鸡的图案。底座在瓜盅中起支撑瓜体的作用，底座也可以雕刻部分图案或纹样，但其造型不可过细，以免坍塌。瓜盖与瓜体是一个整体，位于瓜体的最上部。有些瓜盅也可以不用瓜盖，只有瓜体与底座即可(图8-1)。

图 8-1

瓜盅的表现手法有两种，一种是阴纹雕，一种是阳纹雕。阴纹雕（图8-2）是直接在瓜皮表面，将所雕图案、纹样的线条去掉，以白色的皮来表现图案或纹样。这种雕刻方法迅捷，但图案不清晰。阳纹雕（图8-3）是将图案、纹样以外的部分去掉，用白色

图 8-2

图 8-3

的皮表示，而图案和纹样则以墨绿色的皮来表现。这样制作出的图案或纹样线条突出，清晰明快，但制作时间较长。

瓜盅的雕刻实例(见图8-4,①~⑧)

①选取个体均匀、表面光滑的墨绿色表皮西瓜1个。

②用圆规在西瓜表面确定出各部分位置。

③再使用尖口戳刀戳出主要结构线。

④用笔将较复杂的图案或纹样描画于西瓜表面。

⑤用雕刀细刻出主体部分图案。

⑥雕刻瓜盖图案。

⑦最后将底座雕好。

⑧将瓜盖揭开，挖去瓜瓤，并安放于底座上即可。

图 8-4

二、瓜灯

瓜灯(见图8-5)就是在瓜类原料上雕刻出镂空的图案，挖掉瓜瓤后，在瓜体内放上蜡烛或点上灯，使烛光或灯光通过镂空的地方透射出来，以烘托筵席气氛。瓜灯是纯观赏性的食雕艺术品，一般不作盛器用。制作瓜灯主要是用西瓜、南瓜、金瓜等色泽较为鲜艳、明快的原料。

瓜灯除了制作镂空的图案以外，还有一种被称为凸环雕的表现方法(见图8-6)。凸环雕是将图案或纹样雕来向外凸起，使其与瓜体分离，但又不从瓜体上落下的一种巧妙的雕刻方法。凸环

图 8-5

图 8-6

雕所雕刻的纹样一般较简单，只是几何形的纹样，由环与扣组成(见图8-7)。在设计凸环雕刻图案时，一定要认真、仔细，以免设计失误，导致雕刻失败。

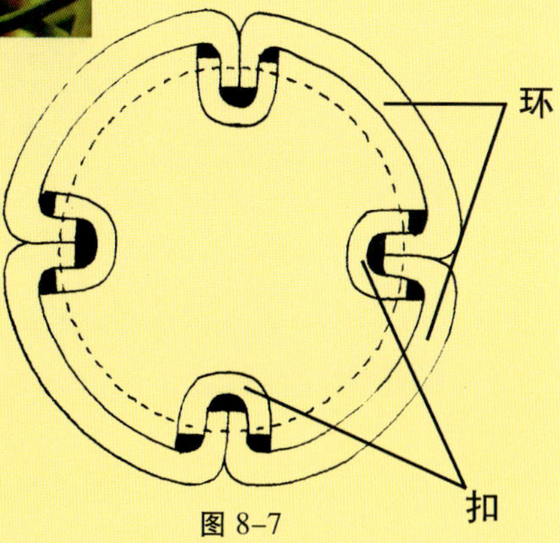

图 8-7

瓜灯雕刻实例(见图8-8，①~⑧)

①先在西瓜表面戳出主要结构线。

②用笔画出凸环雕图案。

③用刀将环与扣雕起，留环与扣图案的底端与瓜体连接。

④将凸环外的装饰纹样雕出。

⑤挖净瓜瓤。

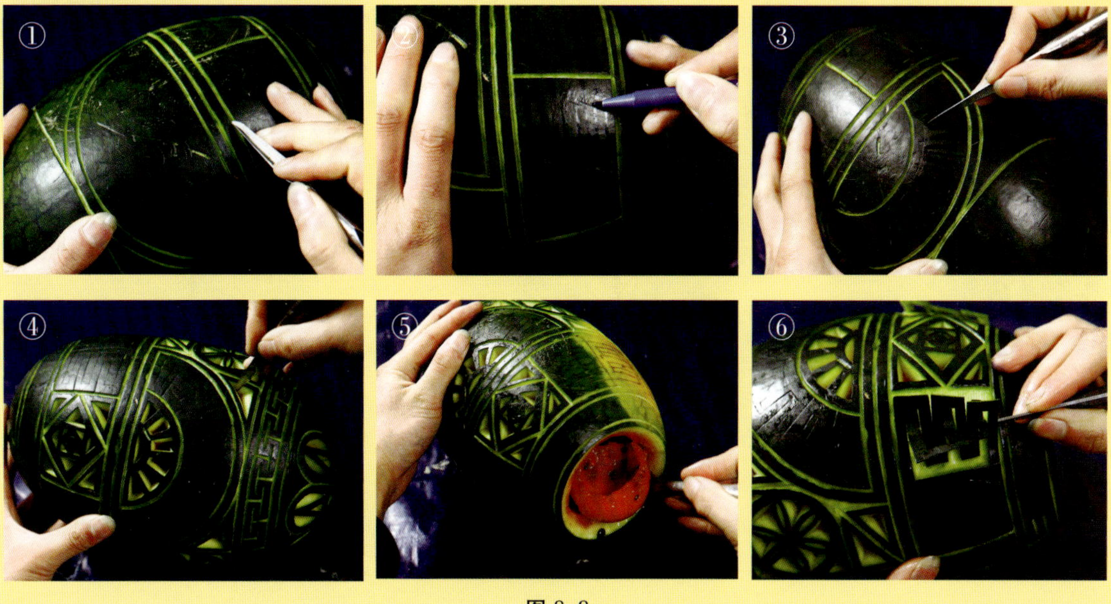

图 8-8

图 8-8

⑥将雕刀伸于雕好的环与扣下面，将瓜皮切断（注意一定从环与扣下面下刀，否则会将环或扣切断）。

⑦将雕好的凸环纹样推出。

⑧安放于底座上即可。

注：制作凸环时也可使用起环刻线刀，工具使用方法参见第一讲中的雕刻工具——起环刻线刀。

瓜灯常用套环纹样见图8-9。

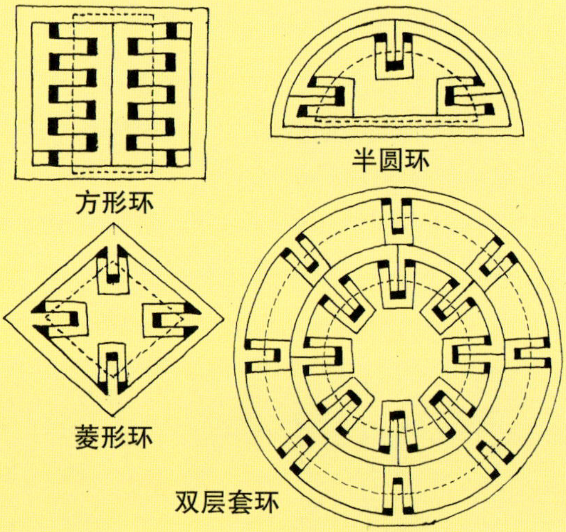

图 8-9

思考与练习

1.简述可以用于制作瓜盅的原料有哪些？

2.瓜盅是由哪几部分构成的？

3.什么是阴纹雕、阳纹雕、凸环雕？

4.画出两种凸环雕的图样，并雕刻出来。

5.设计一个瓜盅的图样，并制作瓜盅。

第九讲　水果拼盘的制作

教学目标

1.了解水果拼盘的基本概念、特点及特殊水果知识。

2.了解水果拼盘的分类。

3.掌握水果拼盘的制作手法及注意事项。

4.能自行设计、制作水果拼盘。

图 9-1

一、基本概念

水果拼盘(见图9-1),就是将多种时令鲜果洗净后,经刀工处理成各种易于食用的形状,然后将其有规律的组合、拼摆在盛器内,使其成为具食用性、观赏性于一体的艺术形态。

二、水果拼盘的特点

1.材料丰富　我国水果品种丰富,数量众多,有草莓、菠萝、火龙果、桃、杏、樱桃、圣女果、荔枝、梅、枇杷、芒果、菠萝、椰子、山竹、山楂、木瓜、枣、葡萄、石榴、猕猴桃、香瓜、桂圆、杨桃、橄榄、柿子、柑、橘、橙、柚、香蕉、甘蔗等。现在一些水果全年皆能供应,如苹果、梨、西瓜、人参果等。丰富的水果品种,为水果拼盘的选料制作提供了保障。

水果拼盘是将上述多种水果共置于一盘,这些水果有着不同的质感、口感,使进食者可以根据自己的喜好选择食用,同时这些水果所含维生素、矿物质类别、数量又有差异,从而使进食者在营养搭配上也得到了均衡。

2.色彩鲜艳　水果原料色彩艳丽,色彩的明度与纯度均较高,如红色的苹果、草莓、樱桃、西瓜、番茄;橙黄色的芒果、香蕉、枇杷、杨桃、哈密瓜、橙;绿色的猕猴桃、马奶子葡萄、青苹果;紫色的葡萄等。丰富的色彩刺激人的视觉,容易让人食欲大增。

3.食用方便　制作好的水果拼盘已经被操作者清洗干净,去掉皮、核(根据造型的需要,有些也不去),并加工成了方便食用的各种片、块、丁、球、粒等。进食者可以直接取食,不需进行清洗和加工。

4.简单快捷　大多数水果都是可以生食的,所以在食用前也不用进行过多的准备或特殊的处理,只需在临上桌前,快速加工成形,再装摆于盘内即可。所以水果拼盘制作的时间不长,便于操作。

5.用途广泛 由于水果拼盘取材方便，制作工艺简单，易于掌握，所以大到国宴，小到家庭均可以使用。

三、水果简介

1.香瓜（见图 9-2） 白色或黄色，富有光泽，成熟时散发出迷人的香味，香脆可口。含有丰富的蛋白质、脂肪、糖、钙、磷、铁、钾等矿物质和维生素 A、维生素 C 及膳食纤维等。能止口渴、除烦热、防暑气、利尿。香瓜中还含有大量的水分、糖分，是夏令祛暑除烦之佳果。

2.网纹瓜（见图 9-3） 网纹瓜又名翠蜜洋香瓜，是香瓜的一种。其果实呈圆球形或长球形，

图 9-2

图 9-3

图 9-4

果皮灰绿色，网纹细密美丽，果肉翡翠绿色，耐贮运，品质风味优良。

3.木瓜（见图9-4） 木瓜学名番木瓜，又名万寿果，是岭南四大名果之一。木瓜鲜果外形美观，肉色橙黄或红橙，肉厚质细，汁多味甜，果实含有丰富的胡萝卜素、蛋白质、钙盐、苹果酸、酒石酸、柠檬酸和维生素A、维生素B、维生素C。具有防治高血压、胃炎，促进新陈代谢、抗衰老、美容护肤养颜的作用。

4.杨桃（见图 9-5） 杨桃是热带、南亚热带水果。其果型美观，呈五菱状，分红、黄种，果嫩、纤维少、果汁多、味清甜。杨桃富含维生素 C，每 100 克果肉含维生素 C 达 40 毫克。还有多种维生素及柠檬酸、苹果酸、蔗糖、葡萄糖，并含有多种矿物质。杨桃味甘、酸，性平，能清热解毒、润喉清爽、利水、解酒毒、帮助消化、治疗皮肤病。

图 9-5

图 9-6

5.橄榄（图 9-6） 又名青果、青橄榄。其味酸涩，久嚼之回甜，令人回味无穷。犹如忠臣之谏言，初听逆耳，细细体味，方能品出其忠心，因之，古

文人称为“谏果”、“忠果”。橄榄含香树脂醇、鞣质、脂肪、蛋白质、粗纤维、糖类、胡萝卜素、维生素 B_1、烟酸、维生素 C、钙、磷、钾等。味甘涩酸，性平，具有清热解毒、利咽化痰、生津止渴、除烦、醒酒等功效，适宜治疗咽喉肿痛、烦渴、咳嗽吐血、菌痢等症。

6.**火龙果**（见图 9–7）　火龙果又称“红龙果”、“青龙果”、“芝麻果”。其口感绵软，极易化渣，果汁清凉爽透，深受人们欢迎。火龙果富含多种维生素及钙、磷、铁等矿物质，是一种高纤维、低热量的水果。具有预防贫血和口角炎症、促进眼睛保健、形成细胞膜、增加骨质密度、降低胆固醇、治疗便秘、防治皮肤病和防斑、美白功效。因其高纤维、低热量，且在总糖中不含焦糖和蔗糖，对高血压、糖尿病、高尿酸有食疗效果。

7.**山竹**（见图 9–8）　果实为浆果，球形，有坚硬、紫色的果壳，内藏约 6 瓣白色果肉，果肉味

图 9–7

图 9–8

图 9–9

甜，软滑，幽香气爽，入口即融，如吃冰淇淋，有“热带果后”之美誉。其果肉含可溶性固形物 18.6%，有机酸 0.63%，100 克鲜果肉中含维生素 C 2.0 毫克。其味甘、微酸，性平。具有健脾生津、消火压热、清凉止渴的功效。

8.**人参果**（见图 9–9）　果实卵形或椭圆形，单果重 100~300 克不等，果皮淡黄色，果肉浅黄，浆果，爽甜多汁，清香适口，风味独特。富含多种维生素、糖类和钙、铜、钾、镁、钼、锌、铁、硒等十多种矿物质，还含有天门冬氨酸、苏氨酸、谷氨酸等对人体有益物质。其味甘，性平。有收敛止血、补中益气、生津化痰、健脾养胃的作用，对各种癌症和冠心病、高血压、糖尿病等都有良好的防治作用。

9.**椰子**（见图 9–10）　椰子形似西瓜，外果皮较薄，呈暗褐绿色；中果皮为厚纤维层；内层果皮呈角质。果内有一大贮存椰浆的空腔，成熟时，其内贮有椰汁，清如水、甜如蜜，晶莹透亮，是极好的清凉解渴之品。椰汁及椰肉含蛋白质、果糖、葡萄糖、蔗糖、脂肪、维生素 B_1、维生素 E、维生素 C、钾、钙、镁等。椰肉色白如玉，芳香滑脆；椰汁清凉甘甜。椰肉味甘、性平，具有补益脾胃、益气祛风、杀虫消疳之功效；椰子浆味甘、性温，有生津、利水等功能。

图 9–10

10.**芒果**（图 9–11）　芒果是著名的热带水果，

图 9-11

被誉为热带水果之王。长卵圆形，有明显的果嘴；果皮光滑，黄色；果肉橙黄色，柔软多汁，纤维少。芒果含有丰富的胡萝卜素、维生素 C、维生素 B_1 及钙、磷、铁、镁、钾、锌、锰、铜等矿物质，并富含糖、有机酸、黄酮类、三萜类化合物及膳食纤维。其味甘、酸，性凉。具有清热生津、解渴利尿、益胃止呕等功能。特别适合于胃阴不足、口渴咽干、胃气虚弱、呕吐晕船等症。

四、水果拼盘的分类

（一）根据适用人数分类

1.小型果拼　适宜 1~2 人食用，水果数量较少，一般一种水果 2~3 块（见图 9-12）。

图 9-12

2.中型果拼　适宜 3~5 人食用，水果品种较为丰富，每种水果数量在 3~6 块（见图 9-13）。

图 9-13

图 9-14

3. **大型果拼**　适宜6人以上食用，其品种丰富，数量众多(见图9–14)。

(二)根据使用器皿分类

1.**圆形果拼**　使用圆形器皿盛装的水果拼盘(见图9–15)。

2.**条形果拼**　使用条形器皿盛装的水果拼盘(见图9–16)。

3.**多边形果拼**　使用方形、三角形、六边形，或其他多边形器皿盛装的水果拼盘(见图9–17)。

图9–15

图9–16

图9–17

图9–18

图9–19

4.**多层果拼**　使用多层器皿或几个器皿重叠放置盛装的水果拼盘(见图9–18)。

5.特殊果拼 使用木器、漆器、竹器等器皿盛装的水果拼盘(见图 9-19)。

五、水果拼盘制作的手法

1.平排 将经刀工加工成型的原料紧密平行排放成行(见图 9-20)。

2.叠排 将经刀工加工成形的原料反复重叠排放成行(见图 9-21)。

3.推 将经刀工处理后的原料向前后或左右推出,使其成特殊形态的方法(见图 9-22)。

4.围 即围绕、环绕的意思。就是将切成型的原料,在盘内排列成圆环或半圆环状(见图 9-23)。

5.摆 摆即安放、陈列的意思。是指将加工好的整形或单一原料放置于盛器内(见图 9-24)。

图 9-20

图 9-21

图 9-22

图 9-23

6.堆 就是将经过刀工处理或较小型的原料垒积、重叠放置于盘内(见图 9-25)。

六、水果拼盘制作的注意事项

1.水果拼盘的制作应有专门的操作间、操作台。

图 9-24

图 9-25

2.采购回的水果应先用消毒水浸泡、清洗，再分类放入保鲜冰箱冷藏，以保证原料新鲜。一些较贵重的或较特殊的水果，可用保鲜膜包好后再放入冰箱，以延长其保存期。

3.操作者在制作前应先用消毒水洗净手，再戴上口罩、工作帽和一次性手套。

4.制作水果拼盘的工具应专用，使用前先清洗，以免污染水果，使用后也应立即清洗干净，以免带酸性的水果，腐蚀刀具。

5.水果拼盘应现做现用，避免变色、污染。

6.水果刀工成型应整齐、美观，注意不宜太细、太小、太薄。

7.上桌前，用保鲜膜密封，放入冰箱冷藏，防止污染，待上桌前再揭去保鲜膜。

8.未用完的水果，及时收捡。水果经过刀工处理的，应先用保鲜膜封好，再放入冰箱。

思考与练习

1.什么是水果拼盘？

2.水果拼盘的特点是什么？

3.试述特殊水果的特点。

4.简述水果拼盘的分类。

5.水果拼盘制作时应注意什么？

6.完成 1~2 个水果拼盘的设计与制作。

第十讲 盘 饰

教学目标：

1.了解盘饰的基本概念、作用。

2.掌握盘饰的基本手法、形式及注意事项。

图 10-1

盘饰(见图 10-1)，即利用具食用性的烹饪原材料，通过刀工处理成各种形态，或雕刻成艺术形体，摆放于盛装菜肴盘内的一种加工方法。也称作“装盘”、“围边”。

一、盘饰的作用

图 10-2

1.美化菜肴，提升档次 盘饰是对菜肴的再次加工。一份普通的菜，通过盘边精美的装饰，可以使其档次倍增。一些高标准的宴会，也需要利用盘饰对宴会菜品进行点缀、包装，以使菜肴质量达到高标准的要求(见图 10-2)。

2.弥补菜肴自身不足 在中国烹饪中，大多数菜肴都是将原料进行刀工处理成较小的、便于食用的形状，所以烹制成菜后，菜肴整体形态杂乱，装在盛器里也不成形。这时可以利用盘饰，将菜肴统一起来，让其美观有序。如爆鸽胗(见图 10-3)一菜，鸽胗形态细小，成菜后不利于装盘成形，用一个炸好的雀巢来装鸽胗，使得菜肴整齐有序。

图 10-3

还有一些菜肴，自身色泽较单一，色调暗淡，不容易引起人的注意或不能引起食者的食欲，这时加入适当的盘饰进行点缀，会对菜肴的整体色泽起到补充的作用(见图 10-4)。

3.深化菜肴意境，活跃筵席气氛 盘饰除了美化菜肴外，还可以参与到菜肴制作中来，与菜肴互相搭配，共同构成一个主题。在这样的菜肴中，盘饰由辅助的位置，升级到主要的位置，变成了菜肴制作中不可缺的重要元素。如乡趣（见图 10-5)一菜，菜肴中食用的部分是用面制作的小猪，若只在盘里摆几只小猪则不能更好的体现乡趣这一主题，但是利用面塑，将农家的景象表现出来，再将小猪放置其间，浓浓的乡村气息便跃然盘中，为宾客增添了快乐与愉悦。

图 10-4

图 10-5

二、盘饰的基本手法

1.中心点缀法 中心点缀法是在盛器的正中间进行装盘点缀的方法。这种方法适合对呈放射状排列的菜肴进行点缀。一般中心点缀法中间放置较高的食品雕刻作品，边上围摆菜肴（见图10-6）。在使用这种方法时，应注意中间的点缀应比边上的菜肴高，不能低于菜肴高度，否则影响美观。

图 10-6

2.边角点缀法 边角点缀法是在盛器内一个角进行点缀的方法。边角点缀法运用较广，也是较简单的一种装盘手法。如在菜肴制作好后，在盘边摆上一朵花（见图10-7）进行装饰，这在众多餐厅里均较常见。一些档次较高的宴会，在菜肴的边角也可以做较为精细的点缀（见图10-8）。边角点缀应注意点缀物不可过高、过大，以免喧宾夺主，严重的还会给人以菜肴失去均衡的感觉。

图 10-7

图 10-8

3. 包围点缀法 包围点缀法主要是在盛器的边沿用原料围成各种几何形的点缀方法。包围点缀法可以围成圆形，也可围成方形、三角形、椭圆形、五边形等。包围的形式有全围式、半围式、散点式三种。全围式（见图10-9），即原料一片紧挨一片，围满一圈，原料与原料间没有间隙。半围式（见图10-10）同全围式，只是原料不围满，围成半圆形，或只围一小段。散点式（见图10-11），即几种原料组成一个单元，每个单元独立存在，互不连接。包围点缀法在运用时，应注意所围的几何形要均匀、规则，若是散点式，每个元素单元间间距应相等。

图 10-9

图 10-10

图 10-11

图 10-12

4.分隔点缀法 分隔点缀法是利用装盘点缀将盛器分为几个相对独立空间的点缀方法。这种点缀方法非常适合于两种或两种以上口味菜肴的点缀。应用原料将菜肴间隔开，可以使菜肴互不串味，保持各自的风味特色（见图 10–12）。

三、盘饰的基本形式

1.**对称型** 分均齐式和相对均齐式两种。给人的感觉是稳定、平衡、完美。

(1)均齐式 是指在盛皿内依盛皿的一中心线或中心点，在其左右、上下或四周配置同形、同色、同量的原料，成一定的纹样或图案。

①镜映式：是指所组成的纹样或图案可以依一中心线对折，其纹样或图案完全重合（见图 10–13）。

②放射式：是镜映式的一种特殊形式，它有多个中心线，而镜映式只有一根中心线的（见图 10–14）。

③逆对称式：一般其图形分布在中心线或中心点的两边，其大小、形状相同，方向相反（见图 10–15）。这种形式主要来源于镜映式。

图 10–13

图 10–14

(2)相对均齐式 是指在盛皿内的中心线或中心点的左右、上下或四周配置不同形或不同色，但量相同或相似的原料，构成纹样或图案（见图 10–16）。

2. **不对称型** 是针对对称型而言的，也就是说除了对称型以外，均为不对称型。（见图 10–17）

图 10–15

图 10–16

以上类型之间的关系，例：一个长条盘在其一边放上一朵食雕花卉，其形式为不对称型。若在其另一端也放上朵同样的花，则为镜映式；若改用其他的花卉，则成了相对均齐式。

四、菜肴装盘、镶边的注意事项

1.**形式与内容的统一** 内容是构成事物的内在要素。形式是表现内容的方法，它将内容的各要素统一起来，形成一个有机的整体（菜品的镶边也是一种形式，它以美化菜肴、突出主题为目的）。

内容决定形式，形式必须适应于内容。如：面点制作的“小鸡”，其背景为农家小景，再配一鸡笼，其情趣油然而生。形式反作用于内容。适合内容的形式促进事物的发展，反之则阻碍事物的发展。如“垂趣”（见图 10-18）一菜，菜肴鱼与渔翁有机的结合在一起，达到了内容与形式的统一，而且选用渔翁这一形式，对主体还起到了烘托的作用，使主体更加鲜明，突出。又如：西瓜盅内放各种切丁且加冰汁的水果，其内容较碎，但是用瓜盅这种形式使内容得到了统一。所以要善于选择、利用和创造适合表现内容的形式。

图 10-17

图 10-18

2.立雕与盛器的配合 食品雕刻运用于菜肴点缀中，应高、矮适宜。特别是放于盘边的立体雕刻，假若太高，而菜肴分量又不太多，盘又小，则给人以重心不稳的感觉；若太矮又不利于造型和表现主体。食雕高矮与盛器大小之间的比例最好掌握在 3:5~5:8 这个比例以内（即是“黄金分割”）。

菜品的分量、色泽可以给人以不同的感觉，若食雕高，而菜品分量足，色泽深同样也能达到均衡的效果。另外，若将食雕摆放于盘正中，其不稳定的感觉也就没有了。

3.装盘、围边忌繁杂 若装盘、围边太细、太繁，有喧宾夺主之势，故盘饰宜简单、明了。

4.根据菜肴色泽选择花边色彩 菜肴为冷色，花边宜暖色；菜肴暖色，花边宜冷色。

冷色原料：白萝卜、黄瓜、青椒、青菜叶、法香、青笋、芹菜、柠檬。

暖色原料：胡萝卜、红椒、番茄、海带、香菇、火腿肠、广柑、草莓。

中性原料：心里美萝卜、紫甘蓝。

5.根据菜肴形状确定装饰的形式 丁、丝、粒、末状的菜肴，宜使用包围点缀法，可以使散乱的菜肴统一起来，变得整齐。大块或形较完整的菜肴（如锅贴、鸡腿等），可采用中心点缀法装饰；整形的菜肴（如清蒸鱼），则多采用边角点缀法。

6.根据菜肴的口味来确定花边原料 甜味类菜肴应用甜味的原料装饰，如水果等，避免串味。

7.不用色素 一般用原料的本色装饰，避免使用色素。

8.分开 花边装饰要与菜肴分开，不能直接接触（生熟不分）。

9.应用可食用材料 禁止使用非食用性的材料围边，特别须注意有毒材料不能入盘，以免对菜肴造成污染。如泡沫雕不能用。

思考与练习

1.什么是盘饰？

2.盘饰的作用有哪些？

3.什么是中心点缀法、边角点缀法、包围点缀法、分隔点缀法？

4.按照盘饰的基本形式，分别设计出对称型和非对称型的盘饰。

5.盘饰应注意什么？

附:食品雕刻优秀作品欣赏(图 11,①~㉙)

图 11

图 11

图 11